LA RIVOLUZIONE PIUMATA
I NUOVI DINOSAURI E L'ORIGINE DEGLI UCCELLI

VOLUME TERZO

I SAUROPODOMORFI

testo e illustrazioni di
Andrea Cau

ISBN: 9798704750925

Pubblicazione indipendente

INDICE dei capitoli

Volume Terzo

Volume Terzo
I sauropodomorfi

"Non solo una vita acquatica sembra meglio armonizzarsi con le caratteristiche anatomiche di *Diplodocus* come le conosciamo, ma un simile habitat fornirebbe a questi animali relativamente indifesi una protezione contro i grandi dinosauri carnivori che vivevano contemporaneamente con lui e costituivano senza dubbio i suoi costanti nemici"

J. H. Hatcher, Luglio 1901

Prologo
A caccia di giganti

Bir Amir è un villaggio nel profondo sud della Tunisia. Per raggiungerlo bisogna lasciare Tataouine, capoluogo dell'omonimo governatorato, e dirigersi verso sud-ovest, lungo l'ampia strada asfaltata che porta al confine libico. Il paesaggio ai margini della via è dapprima brullo e pianeggiante, poi si fa dolcemente ondulato. Mano a mano che si prosegue verso sud, la già scarsa vegetazione di Tataouine, fatta di palmizi ed arbusti, è sostituita da bassi cespugli dall'aria dimessa, che tingono di sbiadite tonalità olivastre un paesaggio dominato dai colori della ruggine e dell'ocra. Ad eccezione del capoluogo, unica città nel raggio di centinaia di chilometri, gli abitanti della grande provincia che si incunea tra Algeria e Libia si distribuiscono in sporadici villaggi sul bordo delle strade, o negli ultimi agglomerati berberi scavati sulle pendici rocciose. Il paesaggio che ci appare lungo la via è sostanzialmente desertico, ma mai monotono. Per raggiungere Bir Amir, dopo una quarantina di chilometri di viaggio occorre abbandonare la strada asfaltata, piegare a destra, verso ovest, ed imboccare una sterrato ghiaioso che si snoda parallelo ad una catena di bassi rilievi rocciosi, distanti qualche migliaio di metri. Qui, il diverso assetto fuoristrada dei veicoli comincia a notarsi: l'automobile comune inizia ad arrancare, mentre i pick-up riescono ancora a tenere il passo del fuoristrada. Come il più classico cavallo lento che detta l'andatura, sarà la prestazione dell'auto a stabilire in quale punto fermare i veicoli e iniziare la scarpinata. Il fuoristrada, invece, può seguire fino alle pendici delle alture. Perché non è Bir Amir l'obiettivo ultimo del nostro viaggio, bensì un'ampia sella naturale, a metà strada tra la via asfaltata ed il villaggio, che taglia i rilievi rocciosi che segnano l'orizzonte, sulla sinistra. In quel canalone, scavato da un *wadi* ora in secca, sono esposti almeno 40 milioni di anni di storia relativi alla metà del Cretacico, tra 130 e 90 milioni di anni fa. Ad un chilometro dall'obiettivo, bisogna smontare da buona parte dei veicoli. La sabbia avorio, le rocce dalle tinte rossastre ed il cielo privo di nubi, illuminato dal basso sole del mattino, paiono una foto eccessivamente saturata. Il vento di dicembre è incessante, ancora frizzante, ma sopratutto liberatorio. Come per un sortilegio, al primo acquietarsi dell'aria, arriveranno le mosche, giunte chissà da dove. Ma non oggi. Il vento è intenso, ci sprona a camminare. Dopo un quarto d'ora di attraversamento del canalone, anche il fuoristrada si deve fermare: il terreno è troppo ripido ed accidentato anche per un veicolo tenace ed un pilota esperto. Alla sinistra, il sole di metà mattina inizia ad illuminare un anfiteatro formato da detriti di rocce grigiastre che rovina verso la pianura, al di sopra delle quali si erge un terrazzamento di bianche sabbie compatte, cinto da architetture color salmone create dal vento. Bisogna inerpicarsi per una ventina di metri sopra il fondo del canalone, in un sito chiamato El Mra. Qui, all'interno di sedimenti sabbiosi depositati da un antichissimo fiume in piena, ormai estinto, per oltre 110 milioni di anni ha riposato lo scheletro di un dinosauro, l'unico esemplare noto della prima specie istituita a partire da resti trovati in Tunisia, *Tataouinea hannibalis*.

Lo scheletro di *Tataouinea* rinvenuto ad El Mra è articolato – le ossa sono ancora disposte nelle loro posizioni reciproche originarie – ma incompleto. Tutta la parte anteriore del corpo (testa, collo e torace, così come le zampe anteriori) è perduta, e ogni tentativo di individuarne i resti nel sito di scavo è stato vano. Anche le zampe posteriori sono mancanti, così come la parte finale della coda. Resta solamente il bacino e le prime 17 ossa della coda. Probabilmente, la carcassa dell'animale fu ricoperta dal sedimento fluviale quando era già stata in buona parte smembrata dalla corrente.

Disporre solamente del bacino e di parte della coda può sembrare un risultato modesto e deludente, ma così non è. I fossili di dinosauro dal Nord Africa sono rari, e nella grande maggioranza dei casi sono composti da ossa singole e rinvenute isolatamente. Disporre di uno scheletro articolato, seppur parziale, è un caso eccezionale. Ancora più raro è il fatto che questo dinosauro non sia un predatore, non appartenga a Theropoda (il gruppo di Dinosauria al quale sono stati dedicati il Primo e Secondo Volume di questa serie). Sebbene la grande maggioranza dei fossili di dinosauro nordafricani scoperti sia composta proprio da teropodi, lo scheletro di *Tataouinea* si palesa per essere membro di un altro gruppo di dinosauri, distinto da Theropoda: i sauropodi. Non meno familiari o popolari dei dinosauri predatori, i sauropodi sono noti sopratutto per essere stati i più grandi animali di terraferma esistiti, giganteschi persino rispetto agli altri dinosauri. Le specie più colossali raggiunsero dimensioni adulte incredibili, con esemplari lunghi più di trenta metri, capaci – se fossero ancora vivi – di sollevare la testa fino al quinto piano di una casa, ed in grado di muovere corpi pesanti varie decine di tonnellate.

Ridurre il successo e la biologia dei sauropodi unicamente alle loro dimensioni colossali significa scalfire solo superficialmente la complessa evoluzione di questi celebri rettili estinti. Difatti, il gigantismo dei sauropodi è la manifestazione di un complesso di fattori, alcuni condivisi con gli altri dinosauri, altri espressi unicamente da questo gruppo, una combinazione unica ed irripetibile nella storia del mondo animale, che ha prodotto il modello meglio "performante" alle dimensioni massime. Se volete realizzare un vero gigante di successo in grado di calcare il suolo di questo pianeta, è sul modello sauropode che dovete investire i vostri soldi. Per le logiche dell'evoluzione, non è sufficiente, difatti, "realizzare" un singolo individuo gigantesco, ma occorre che esso sia parte integrante di una intera popolazione di giganti, a sua volta integrata nel proprio contesto ambientale, occorre che questa popolazione sia parte di un flusso genico di successo che persiste nei tempi geologici, e che esso sia espresso e trasmesso in decine e decine di specie differenti lungo interi periodi geologici. I sauropodi furono questo: un gigantesco successo globale, durato 140 milioni di anni, che non ha nulla da invidiare al successo "parallelo" dei loro predatori principali, i teropodi di cui gli uccelli sono l'ultimo ceppo vivente.

Confrontro tra le dimensioni di un sauropode gigante (nero) e quelle di un teropode gigante (*Tyrannosaurus*, grigio, modificato da ricostruzione di S. Hartman).

Per comprendere ed apprezzare le ragioni di un tale successo, occorre però partire da ben prima dell'origine dei sauropodi classici (comparsi all'inizio del Giurassico, 200 milioni di anni fa), ad almeno 30-40 milioni di anni prima, al principio della storia di tutti i dinosauri. La trentina di milioni di anni che precede la comparsa dei sauropodi fu l'epoca dei così detti "prosauropodi", termine improprio ed oggi superato per indicare una stirpe di dinosauri che include sì gli antenati dei veri sauropodi, ma che non si risolve solamente nella progressiva costruzione del "modello sauropode". I "prosauropodi", oggi più correttamente detti "sauropodomorfi non-sauropodi" furono difatti la primissima radiazione evolutiva di Dinosauria coronata da successo, una linea che si diversificò durante il Triassico Superiore (tra 220 e 200 milioni di anni fa) e che produsse numerose specie distribuite su tutte le terre emerse. Parte delle innovazioni chiave che permetteranno ai sauropodi di diventare i giganti sulla Terra si realizzò in seno ai primi sauropodomorfi. Questi ultimi introdussero una tipologia animale che oggi ci pare abbastanza ovvia, ma che alla fine del Triassico era del tutto nuova. Vertebrati terrestri vegetariani erano già presenti da un centinaio di milioni di anni quando comparvero i primi sauropodomorfi, ma questi ultimi introdussero un tipo di vegetariano originale: animali di grandi dimensioni (pesanti anche oltre la tonnellata), sorretti da arti colonnari e quindi estremamente efficienti nella capacità di spostarsi e di occupare sempre nuove regioni. Il mix di vegetarianismo, gigantismo ed efficienza locomotoria era una assoluta novità nel mondo triassico, una innovazione rivoluzionaria. Fino a quel momento, gli animali terrestri vegetariani erano stati rappresentati da forme ben più piccole e dall'indole più stanziale, meno mobili e poco adatte a sostenere grandi pesi corporei, né particolarmente adatte a intraprendere lunghi spostamenti.

All'inizio del Giurassico (tra 200 e 190 milioni di anni fa), la grande maggioranza dei sauropodomorfi che con tanto successo si era diffusa sulle terre emerse triassiche si estinse. Abbiamo visto, nel Primo Volume, che l'inizio del Giurassico fu un momento chiave nella storia dei dinosauri, durante il quale i modelli anatomici che avevano predominato nei precedenti 25 milioni di anni furono sostituiti da tre linee evolutive accomunate da innovazioni a livello del sistema locomotorio: i neoteropodi (che prendono il posto degli altri teropodi triassici), gli ornitischi (che probabilmente prendono il posto dei silesauridi) ed i sauropodi (che prendono il posto di tutti gli altri sauropodomorfi). L'inizio del Giurassico segna anche l'inizio della "Corsa agli Armamenti", la serrata co-evoluzione tra prede e predatori che porta ogni gruppo a selezionare nuovi adattamenti nell'altro, corsa che coinvolge in particolare sauropodi e grandi teropodi. Potremmo quindi concludere che la storia dei sauropodi non fu altro che la reazione sauropodomorfa alla grande transizione giurassica, e la risposta di questo gruppo alla Corsa agli Armamenti descritta nei precedenti volumi di questa serie. Eppure, la storia dei sauropodi non può essere ridotta solamente alle dinamiche che avevamo già delineato con i teropodi (Primo Volume). I sauropodi producono qualcosa di nuovo ed originale, che pur allineandosi alla tendenza generale dei dinosauri giurassici, ha comunque elementi propri ed irriducibili ad un modello uniforme dell'intero Dinosauria. Il solo confronto dimensionale con gli altri gruppi mostra una anomalia. Nessun teropode e nessun ornithischio ha mai superato la quindicina di metri di lunghezza e la dozzina di tonnellate di peso: i sauropodi raggiungeranno lunghezze doppie e pesi anche cinque volte superiori, e lo realizzeranno innumerevoli volte, a più riprese, in contesti e ambienti differenti. Un simile risultato non fu una conseguenza accidentale di qualche fortunata combinazione di eventi, ma manifesta la logica emanazione del particolare modello biologico dei sauropodi. Se tali traguardi fossero una mera conseguenza della co-evoluzione con gli altri dinosauri, o di idonee condizioni ambientali e climatiche, come mai nessun altro gruppo di dinosauri, vissuti fianco a fianco coi sauropodi, fu in grado di eguagliarli? Vedremo che l'enorme successo (sia figurato che letterale) dei sauropodomorfi sarà la conseguenza di specifiche loro caratteristiche, combinate sagacemente a partire dal canovaccio di base di tutti i dinosauri.

Questo Terzo Volume è in parte anomalo all'interno di una serie intitolata "La Rivoluzione Piumata". Nel momento in cui vi scrivo, non esiste documentazione diretta di piume (o del tegumento filamentoso che nel Primo Volume abbiamo interpretato come il probabile precursore del complesso piumaggio degli uccelli) nei sauropodomorfi. Impronte della pelle, fittamente tubercolata, sono associate agli scheletri di alcuni sauropodi, ed in un gruppo del Cretacico, i titanosauri, la pelle era – almeno in parte – ulteriormente rivestita da placche ossee protettive (osteodermi) che ricordano quelle dei coccodrilli. Questi fossili suggeriscono che i sauropodomorfi avessero un aspetto più "tradizionalmente rettiliano" rispetto a quello che, nei precedenti volumi, abbiamo dedotto per la maggioranza dei teropodi piumati. Tuttavia, è possibile che gli elementi a sostegno di questo quadro siano ancora troppo limitati per essere definitivi. L'assenza di tracce di piumaggio può essere interpretata in vario modo. Nel Secondo Volume, il problema di come ricostruire la pelle dei grandi dinosauri era stato affrontato prendendo come esempio i tirannosauridi. Buona parte di quelle argomentazioni può essere ripetuta per i sauropodomorfi, con la "aggravante" che Sauropodomorpha è un gruppo molto più variegato anatomicamente ed ecologicamente rispetto a Tyrannosauridae. Ciò che deduciamo per un ramo di sauropodi potrebbe non valere per altri rami di sauropodomorfi più o meno distanti evolutivamente. Possiamo legittimamente ipotizzare che i titanosauri giganti corazzati avessero un rivestimento principalmente squamato, ma possiamo per questo escludere *a priori* che qualche parte del loro corpo, non ancora documentata nei fossili, fosse dotata di filamenti omologhi al piumaggio? Ricorderete il caso di *Kulindadromeus* (menzionato nel Primo Volume), il primo dinosauro per il quale abbiamo prove dirette della presenza simultanea di diversi tipi di squame e diversi tipi di piumaggio nel suo corpo. Esso dimostra che per capire la pelle dei dinosauri sia necessario andare oltre la semplice dicotomia tra "animali squamati" *vs* "animali piumati" ed occorra applicare una logica più "caleidoscopica" quando si prova a ricostruire la pelle dei dinosauri. Inoltre, quanto è plausibile applicare le eventuali interpretazioni elaborate per la pelle dei sauropodi giganti (lunghi dozzine di metri e pesanti decine di tonnellate) anche ai piccoli sauropodomorfi del Triassico, lunghi al più un paio di metri e quindi morfologicamente e dimensionalmente più simili a quei dinosauri piumati incontrati nei primi due volumi? La "logica evoluzionistica" ci dice che il piumaggio, almeno nella sua forma più semplice, sia un attributo presente in origine nei primi dinosauri, quindi ipotizzabile anche nei primi sauropodomorfi. Tuttavia, da sola, questa logica deduzione evoluzionistica non è sufficiente per stabilire come e quanto il piumaggio fosse presente e distribuito all'interno di Sauropodomorpha. Per tutti questi motivi, credo che sia saggio per ora astenersi dal discutere o speculare sulla presenza (o assenza) del piumaggio nei sauropodomorfi. La speranza è che nuove scoperte ci permettano di avere delle più solide basi sopra le quali interpretare il tegumento dei sauropodomorfi. Forse non è lontano il giorno in cui avremo un fossile che sancisca in modo inequivocabile la presenza del piumaggio anche nei protagonisti di questo Terzo Volume.

Capitolo primo
Radici dinosauriane

Il modello anatomico base dei sauropodi è il culmine di 50 milioni di anni di trasformazione del modello anatomico base dei dinosauri. Questo titanosauro rappresenta ulteriori 60 milioni di anni di trasformazione del modello anatomico base dei sauropodi.

Il Darwinismo è l'impalcatura fondamentale della Biologia, il tessuto logico che lega tutte le interpretazioni sul mondo vivente. Sebbene la trama della teoria darwiniana si componga di diverse fibre intrecciate, non tutte hanno acquisito la stessa popolarità o sono oggetto di uguale interesse e investigazione. In particolare, è improbabile che un sondaggio tra gli appassionati di scienze naturali e di paleontologia riporti "la discendenza comune" come prima classificata nella lista degli elementi fondamentali del Darwinismo, né che essa sia citata come una delle più originali innovazioni introdotte dal grande naturalista inglese. Eppure, prima di Darwin, l'idea che tutti gli esseri viventi possano essere ricondotti ad un singolo ceppo originario, dal quale essi derivano per progressive modifiche lungo ramificazioni genealogiche, non era annoverata tra le caratteristiche principali di una teoria evoluzionistica. Varie forme di evoluzionismo furono elaborate prima e dopo Darwin, ma, in larga parte, esse non contemplano l'idea della discendenza comune come esplicito elemento costitutivo della teoria. Il concetto di discendenza comune non è banale, né immediato. L'idea che una conchiglia complessa possa discendere da una più semplice, o che un piccolo quadrupede di foresta possa originare per evoluzione un nobile cavallo al galoppo, non sono prerogative esclusive del Darwinismo, e non dovettero apparire particolarmente sconvolgenti agli intellettuali della metà dell'Ottocento, immersi in un fermento culturale alimentato dai concetti di divenire storico e di progresso. Al contrario, ancora oggi l'idea della discendenza comune appare a buona parte di noi come "innaturale", e poco intuitiva. Pare difficile accettare che un cavallo ed una mosca abbiano un antenato comune, e meno ancora che lo stesso si possa affermare di un uomo ed una quercia. Eppure, il Darwinismo include questo principio: data una *qualsiasi* coppia di esseri viventi, in qualche momento del passato deve essere esistito un essere vivente il quale è antenato comune di ambo gli esseri viventi della coppia. Io che scrivo, e tu che leggi, abbiamo *almeno* un antenato comune nel passato (scrivo "almeno" perché ciascun progenitore di tale antenato della coppia è a sua volta un antenato comune della medesima coppia: di solito ci si concentra solamente sul *più recente* esponente della serie degli antenati possibili e si omette di menzionare tutti gli antenati precedenti, ma essi sono pur sempre dei legittimi antenati al pari del loro esponente più recente). Siccome presumo che anche tu sia un *Homo sapiens*, è ragionevole supporre che anche tale nostro antenato comune sia a sua volta un *Homo sapiens*. Possiamo quindi usare gli elementi che accomunano noi due per dedurre qualcosa del nostro antenato. Questo argomento vale anche per coppie formate da individui di specie differenti: ad esempio, lo stesso ragionamento è valido per la coppia formata da te ed il tuo gatto. In quel caso, il buon senso ci porta a pensare che tale antenato comune non sia né un *Homo sapiens* né un *Felis catus*, ma una specie oggi estinta, vissuta in qualche remoto momento del passato precedente la comparsa delle specie umana e felina. Sulla base delle prove genetiche e paleontologiche, è improbabile che gli uomini discendano da animali simili a gatti, né che i gatti discendano da animali simili ad uomini. Pertanto, il più recente antenato comune di uomini e gatti non era né "felinomorfo" né antropomorfo nelle sue caratteristiche generali. Questo non crea problemi al Darwinismo. L'idea della reciproca divergenza a partire da un antenato comune che non fosse né simile all'uomo né simile al gatto, è quindi motivata. Possiamo ipotizzare che tale antenato fosse "una via di mezzo" (anatomicamente e morfologicamente) tra uomo e gatto? Anche in questo caso, genetica, anatomia e paleontologia ci suggeriscono che, nella maggioranza dei casi, l'antenato comune di due (o più) specie moderne non sia particolarmente simile ad una delle specie di cui è progenitore né che sia la mera mescolanza delle caratteristiche delle specie odierne prese in considerazione. Il concetto di discendenza comune è quindi sì fondamentale per dedurre le caratteristiche di quelle specie (ora estinte) comparse lungo la storia evolutiva di un gruppo, ma non è sufficiente. Gli studiosi dell'evoluzione, inclusi i paleontologi, hanno elaborato dei metodi per ricostruire, anche solo in parte, le caratteristiche degli antenati comuni delle varie specie, metodi come l'inferenza filogenetica e l'ottimizzazione delle caratteristiche lungo un albero evolutivo, con i quali è possibile "mappare" quando e "in quale contesto" comparvero tali caratteristiche, avendo a disposizione lo schema delle relazioni di parentela delle specie. Il lettore ricorderà che questo concetto è stato già introdotto e discusso nei precedenti volumi de "La Rivoluzione Piumata", in particolare nel Primo Volume. Tutti i capitoli in quei volumi sono stati definiti e strutturati secondo il concetto della discendenza comune, dell'inferenza filogenetica e basati sull'ottimizzazione dei caratteri. Nei primi due volumi, il procedimento per la definizione dei capitoli (e per la selezione dei suoi protagonisti) è stato "fissato" sugli uccelli moderni. La teoria della discendenza comune ci dice che qualunque essere vivente oggi deve avere almeno un antenato in comune con gli uccelli moderni. In questo caso specifico, la biologia e la paleontologia ci dicono che quale che sia l'età geologica di tale antenato comune, nessuno è più recente di quello che gli uccelli condividono anche e soltanto con i coccodrilli. Tale antenato comune è "il più recente antenato comune" di uccelli e coccodrilli, ed è convenzionalmente chiamato "il primo arcosauro". A partire da quell'antenato, lungo i due precedenti volumi, siamo risaliti nel tempo avvicinandoci sempre più al più recente antenato comune di tutti gli uccelli viventi, animale che è convenzionalmente chiamato "il primo aviano". Abbiamo visto che tutti gli antenati individuati lungo la sequenza, dopo il primo arcosauro e prima del primo aviano, erano progressivamente meno rettiliani e più aviani nelle loro caratteristiche. Inoltre, abbiamo visto che per buona parte di quella sequenza, tali antenati erano a tutti gli effetti classificabili come dinosauri "duri e puri", e che larga parte della sequenza "di antenati dinosauriani degli uccelli moderni" ha coinvolto gruppi classificati all'interno di Theropoda. Possiamo ripetere quel ragionamento concentrandoci su altri gruppi, non

immediatamente legati all'origine degli uccelli. Oltre a Theropoda, Dinosauria comprende anche altri due grandi gruppi, Sauropodomorpha e Ornithischia. Essi non sono coinvolti direttamente in buona parte della sequenza di antenati che porta agli uccelli, e difatti sono stati affrontati solo marginalmente, all'inizio del Primo Volume. Con questo terzo volume, torniamo indietro nuovamente alla base del tronco dei dinosauri, fino agli antenati condivisi tra uccelli, sauropodomorfi e ornitischi (incontrati nel Primo Volume), ma invece di puntare verso gli uccelli, imboccheremo le traiettorie che portano agli altri gruppi di Dinosauria. In particolare, questo volume è dedicato a Sauropodomorpha.
Dato che uccelli e sauropodomorfi condividono degli antenati comuni, tutti gli antenati degli uccelli, incontrati nel Primo Volume, che si originarono prima della divergenza dei teropodi dai sauropodomorfi sono anche, automaticamente, anche antenati dei sauropodomorfi. Pertanto, i primi capitoli del Primo Volume, nei quali è trattata l'evoluzione dei pan-aviani dall'origine del gruppo fino ai saurischi ancestrali, possono essere considerati a tutti gli effetti come il "*prequel*" di questo Volume Terzo.

Conseguenza del principio di discendenza comune, la sequenza evolutiva di "parenti" arcosauriformi che conduce ai primi teropodi (descritta nel Primo Volume) è la medesima che conduce ai primi sauropodomorfi (come *Eoraptor*, in basso a destra).

Sauropodomorpha comprende i celebri sauropodi (riuniti a loro volta nel gruppo chiamato Sauropoda) e tutte le specie di dinosauro che hanno un legame di parentela più stretto coi sauropodi che con i teropodi o con gli ornitischi. Tradizionalmente, i sauropodomorfi "primitivi", ovvero tutti quelli che non sono membri di Sauropoda, sono detti "prosauropodi". Questo nome oggi è poco in uso poiché non definisce un gruppo coerente e completo (ma solamente un tronco di Sauropodomorpha stabilito arbitrariamente come "tutti i sauropodomorfi tranne i sauropodi veri e propri") e, in particolare, è fuorviante dato che implicitamente dipinge questi sauropodomorfi come dei "proto-sauropodi" ovvero dei precursori ed antenati diretti dei sauropodi veri e propri. L'idea che quei dinosauri fossero dei "proto-sauropodi" era motivata dalla loro età geologica, distribuita tra la metà del Triassico e l'inizio del Giurassico, quindi precedente la comparsa dei "veri" sauropodi, e dalla presenza, in tutte queste specie, di parte delle caratteristiche che poi formeranno il "modello anatomico" di Sauropoda. Considerare quelle specie come precursori dei sauropodi era pertanto legittimato sia sul piano stratigrafico (la loro età antecedente quella dei sauropodi) che morfologico (la loro anatomia intermedia tra quella degli altri dinosauri e quella dei sauropodi). Oggi sappiamo che ambo le affermazioni sono da rivedere. In primo luogo, dovremmo evitare di interpretare un fossile alla luce di un suo *eventuale* discendente, vissuto milioni di anni dopo di lui: quale che fosse il futuro dei sauropodomorfi *dopo il Triassico*, non possiamo usarlo per comprendere la biologia o gli adattamenti delle specie vissute *nel Triassico*. Inoltre, oggi sappiamo che non tutti i "prosauropodi" furono antenati diretti dei sauropodi, e che la parte "non sauropode" di Sauropodomorpha non si ridusse unicamente ad una serie di stadi evolutivi "verso i sauropodi". Diverse linee genealogiche di sauropodomorfi produssero proprie specializzazioni e adattamenti, non legati alla successiva evoluzione dei sauropodi, e sarebbe riduttivo vedere queste specie unicamente come "precursori" o "tappe" intermedie verso il modello anatomico di questi ultimi. Il termine "prosauropodi" è quindi improprio e fuorviante, ed è stato sostituito dal più neutrale "sauropodomorfi non-sauropodi".

I più antichi sauropodomorfi sono conosciuti quasi unicamente da livelli sudamericani risalenti a 230-235 milioni di anni fa. Nel Primo Volume avevamo notato che la maggioranza dei primissimi dinosauri e dei loro parenti prossimi proviene dal Brasile o dall'Argentina: i sauropodomorfi confermano questa osservazione. Più difficile da chiarire è se questo dato sia una prova dell'origine dei dinosauri in quella regione oppure se, piuttosto, ciò sia viziato dalla scarsità di livelli fossiliferi contenenti dinosauri di quella età in altre regioni del mondo, scarsità che creerebbe la falsa impressione che quel gruppo fosse presente, in origine, solamente nella parte sud-occidentale del supercontinente Pangea (corrispondente al continente sudamericano). A partire da circa 225-230 milioni di anni fa, i resti ossei e le impronte fossili dei sauropodomorfi mostrano una distribuzione più globale: anche in questo caso, è da stabilire se ciò indichi una migliore documentazione e abbondanza di siti relativi alla seconda parte del Triassico oppure se, effettivamente, ciò testimoni la progressiva espansione e diffusione di questi animali in tutta Pangea solamente dopo 230 milioni di anni fa.

A rendere la ricostruzione della primissima storia di Sauropodomorpha difficile da decifrare è anche l'anatomia dei più antichi rappresentanti (o potenziali rappresentanti) del gruppo. Come sempre accade all'origine di una linea evolutiva, le prime specie del gruppo non sono molto differenti dai loro parenti appartenenti ad altri gruppi. In questo caso, i primissimi sauropodomorfi sono difatti fedeli alla morfologia generale che avevamo dedotto per tutti i primi dinosauri (vedere il Primo Volume) e sono molto simili ai saurischi primitivi ed ai primi teropodi. In alcuni casi, la somiglianza è tale che è molto difficile e tuttora controverso stabilire se un qualsivoglia saurischio primitivo triassico sia effettivamente un legittimo sauropodomorfo oppure un parente prossimo del gruppo (ad esempio, un teropode).

I migliori candidati al ruolo di primissimi sauropodomorfi sono due generi sudamericani risalenti a circa 230 milioni di anni fa, *Buriolestes* ed *Eoraptor*. Nelle caratteristiche generali, entrambi rispecchiano la morfologia ancestrale di tutti i dinosauri (vedere il Primo Volume): animali lunghi circa un metro e mezzo, perfettamente bipedi con postura degli arti posteriori eretta, arti anteriori corti ma pienamente funzionali, dotati di tre dita mediali armate di artigli falciformi e di due dita laterali più ridotte. Simili agli ornitischi ed ai silesauridi (incontrati nel Primo Volume), questi dinosauri hanno un cranio il cui muso è moderatamente allungato, ed una dentatura adatta per una dieta generalista ed onnivora: denti dalla forma lievemente incurvata, il cui profilo ricorda più un aquilone che un coltello, e muniti di piccole seghettature lungo il margine. Questi animali non mostrano quindi la specializzazione alla dieta ipercarnivora che si osserva nei loro parenti teropodi né nei loro antenati arcosauriformi, e plausibilmente integravano la dieta a base di piccoli vertebrati con una quota importante di materiale vegetale ed invertebrati. Sebbene, a prima vista, i crani di questi dinosauri non siano particolarmente diversi da quelli dei dinosauri predatori loro contemporanei (come gli herrerasauri), alcune caratteristiche a livello della mandibola ci mostrano già in atto una netta specializzazione verso una dieta sempre più ricca di materiale vegetale. Abbiamo visto che il cranio degli arcosauriformi predatori è fondamentalmente un dispositivo per afferrare saldamente una preda, lacerarne le carni ed ingoiarla quasi senza masticarla. I denti funzionano come coltelli, che penetrano e tagliano, ma non sono efficaci nel processare il cibo, il quale sarà invece scomposto e demolito a livello dello stomaco. La carne è fibrosa e richiede una lama affilata per essere lacerata. Il cibo vegetale è più abrasivo e coriaceo, ma dato che non oppone resistenza, non occorre lacerarlo né provocargli ferite, né impedire che sfugga. La dieta vegetariana e quella carnivora quindi sono soggette a vincoli fisici differenti, e queste plasmano la forma del cranio e della dentatura. Oltre alla forma dei denti, il tipo di dieta incide in particolare sulla geometria della mandibola, dato che questa, da un punto di vista biomeccanico, è una leva che produce un tipo particolare di lavoro (di taglio o di macina).

Per comprendere la logica bio-meccanica che plasma l'apparato boccale e masticatore di un animale, possiamo focalizzarci su tre elementi della mandibola. Il primo è il punto della bocca dove si esercita il morso: esso è identificabile nella zona della bocca dove alloggiano i denti più robusti. Il secondo è il punto della mandibola dove si inserisce il principale fascio di muscoli deputati a chiudere la bocca: nei rettili, esso si colloca in una zona detta "coronoide", posta sotto la regione oculare. Il terzo punto è l'articolazione tra il cranio e la mandibola, dove avviene lo snodo che permette ai due elementi di aprirsi e chiudersi reciprocamente, punto che si colloca all'estremità posteriore della bocca. Idealmente, questi tre punti descrivono un sistema di leve, avente il terzo punto (l'articolazione mandibolare) come fulcro e gli altri due punti come estremità di due bracci della leva. Il braccio interno della leva collega il secondo ed il terzo punto, il braccio esterno della leva connette il primo ed il terzo punto. Il rapporto tra questi due bracci definisce la forza che si genera sul cibo durante il morso: tanto maggiore è il braccio interno rispetto a quello esterno, e tanto maggiore ed intensa sarà la forza del morso. Pertanto, dato che la lunghezza dei due bracci è legata alla combinazione di adattamenti specifici di ogni mandibola, a diversi diete corrisponderà un diverso rapporto tra i bracci.

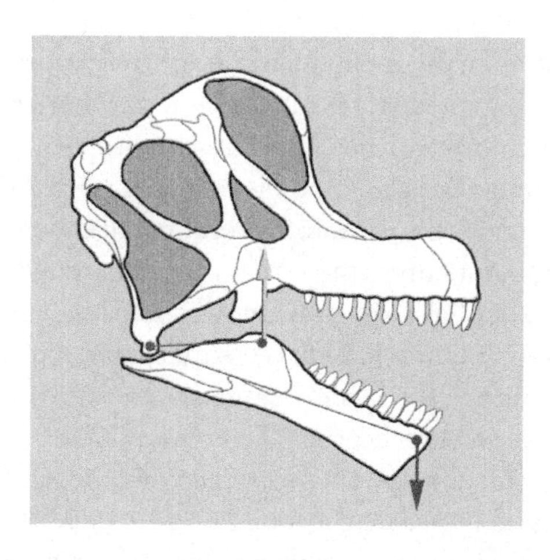

Cranio di sauropode con indicato il sistema di leve che descrive le forze agenti sul muso e sulla mandibola. La freccia grigia indica la forza muscolare che chiude la mandibola, la freccia nera la reazione opposta dal cibo durante il morso.

Nei carnivori, dotati di denti affilati e seghettati, e che usano la bocca come "tenaglia" per afferrare la preda, l'allungamento della mandibola è più importante della potenza del morso (un dente affilato è capace di penetrare la carne anche senza che gli sia applicata una forza eccessivamente intensa, e questo permette al carnivoro di non essere vincolato a sviluppare morsi eccessivamente potenti): in queste specie, il ramo esterno è più sviluppato del ramo interno. Di conseguenza, il cranio di un dinosauro predatore ha i denti più sviluppati nella parte anteriore della bocca, ha un processo coronoide poco sviluppato e i tre punti della leva praticamente allineati.

Nei vegetariani, l'esigenza principale della mandibola è quella di strappare del materiale elastico e coriaceo, ma essi non sono vincolati ad avere mandibole particolarmente allungate, dato che la bocca non deve "afferrare" un oggetto animato che sfugge. In questi animali, quindi, la forza del morso è più importante della presa sul cibo, e di conseguenza il ramo interno della leva è predominante su quello esterno. Tanto maggiore sarà importante la masticazione, tanto maggiore sarà l'importanza del braccio interno della leva mandibolare rispetto a quello esterno. Pertanto, la mandibola (la cui lunghezza è proporzionale al braccio esterno della leva) di un vegetariano brucatore è relativamente meno allungata di quella di un carnivoro o di un vegetariano non brucatore, porta i denti più robusti nella parte intermedia della bocca (e spesso perde del tutto i denti anteriori), presenta una regione coronoide molto sviluppata e ricolloca l'articolazione della mandibola in modo che non sia allineata rispetto agli altri due punti (queste due modifiche aumentano la distanza tra il secondo ed il terzo punto, ampliando il braccio interno della leva). Ovviamente, molti fattori entrano in gioco per modificare le relazioni tra i due bracci ideali che ho descritto (ad esempio, un vegetariano che ingoia il cibo senza masticare tenderà ad allungare il muso rispetto ad un vegetariano masticatore, mentre un carnivoro che non si limita ad ingoiare la preda ma è anche capace di masticarla e sminuzzarla con i denti tenderà ad accorciare la mandibola ed a sviluppare la regione coronoide rispetto a carnivori che non masticano il cibo), ma è comunque utile considerare le relazioni tra i due bracci della leva mandibolare per identificare all'interno di un gruppo di specie imparentate quelle a dieta prettamente carnivora rispetto a quelle più prettamente vegetariane. Questa relazione ci aiuterà a comprendere, anche solo in modo generale, le varie trasformazioni nel cranio lungo la storia dei sauropodomorfi.

Se confrontiamo le mandibole di *Buriolestes* ed *Eoraptor* con quella di un arcosauriforme primitivo o con quella di un dinosauro triassico come *Herrerasaurus* (entrambi ipercarnivori), notiamo che nei primi due il braccio interno della leva mandibolare è in proporzione più sviluppato rispetto alla condizione nelle specie ipercarnivore. In particolare, ciò si verifica perché l'articolazione tra cranio e mandibola è più approfondita rispetto al livello formato dai denti e dal coronoide, e queste aumenta la distanza tra il secondo ed il terzo punto di questa leva ideale. Inoltre, in *Eoraptor* si osserva che il primissimo dente nella mandibola è ridotto e lievemente spostato di posizione rispetto alla fine della mandibola, condizione che suggerisce un (seppur lieve) spostamento verso il retro della bocca della posizione del punto della bocca in cui si esercitava la massima pressione del morso: si tratta di una (seppur lieve) contrazione del braccio esterno della leva. I due elementi, quindi, indicano che questi primissimi sauropodomorfi avessero un apparato boccale meno adatto a lacerare la carne e più adatto a masticare materiale vegetale rispetto alla condizione tipica dei dinosauri predatori. Il perfezionamento della dieta vegetariana appare quindi un elemento distintivo dei sauropodomorfi fin dalla loro origine all'inizio del Triassico Superiore.

Un'ulteriore innovazione acquisita da questi dinosauri, apparentemente marginale rispetto a ben più sofisticate modifiche della loro anatomia, risulterà uno dei fattori chiave nell'evoluzione del modello anatomico dei famosi sauropodi giganti del Giurassico e del Cretacico. Se confrontiamo le dimensioni degli elementi del cranio, o dell'intero cranio, rispetto al resto del corpo, notiamo che questi dinosauri avevano una testa più piccola rispetto alle dimensioni della testa negli altri dinosauri. Confrontati con i dinosauri predatori e con gli ornitischi, i sauropodomorfi sono difatti caratterizzati dall'avere una testa proporzionalmente più piccola. O, se vogliamo invertire la prospettiva, questi dinosauri avevano un corpo più grande rispetto a quello di altri dinosauri aventi la testa delle stesse dimensioni. La riduzione relativa della testa (o, se vogliamo, l'aumento relativo delle dimensioni del corpo rispetto alla testa) è un ulteriore indizio di una tendenza verso una dieta vegetariana. Un animale vegetariano che non mastica il cibo, ma si limita ad ingoiarlo senza sminuzzarlo a livello delle mandibole, non ha bisogno di un apparato masticatore (inteso come denti e muscoli mandibolari) particolarmente potente. Ciò permette quindi di ridurre le dimensioni della testa (e vedremo nel prossimo capitolo cosa comporterà questa opzione). Al tempo stesso, una dieta vegetariana che non richiede masticazione implica una rapida assunzione di cibo vegetale, che quindi si accumula velocemente nell'addome. Una tale quantità di cibo vegetale, coriaceo e fibroso, richiede una lunga digestione, che deve svolgersi dentro un intestino lungo e capiente. Questi fattori selezionano l'allargamento dell'apparato digerente, che si specializza in un sistema di immagazzinamento e fermentazione a lungo termine di una gran quantità di materiale vegetale. Pertanto, l'evoluzione di una dieta vegetariana "non-masticatoria" tende a favorire la simultanea riduzione della testa e l'ampliamento della cavità addominale (e quindi del corpo che alloggia tale cavità addominale). Nel registro fossilifero, il caso probabilmente più "estremo" di questa tendenza non lo troviamo tra i dinosauri, né tra i rettili, bensì in un gruppo di sinapsidi (parenti ancestrali dei mammiferi) vissuti tra la fine del periodo Carbonifero e l'inizio del Permiano, circa 50 milioni di anni prima della comparsa dei dinosauri.

Ricostruzione *in vivo* di un caseide

I caseidi erano sinapsidi caratterizzati da una testa molto piccola e corta associata ad un torace ed un addome molto ampi ed allungati. La dentatura e la morfologia del cranio confermano una dieta vegetariana, che li contrapponeva alla maggioranza dei sinapsidi loro contemporanei, a dieta insettivora o carnivora, dotati di crani più ampi ed allungati e gabbie toraciche meno voluminose. Il corpo dei caseidi, lungo fino a cinque metri, appare quasi grottesco e artificiale, con quella testa minuscola attaccata direttamente su un grande torace dalla forma a barile. Eppure, esso è perfettamente coerente con la tendenza ecologica vegetariana che essi avevano perseguito.

I sauropodomorfi, pur mostrando una tendenza alla riduzione della dimensione della testa ed all'espansione del sistema digerente, non acquisirono le proporzioni tozze e grottesche dei caseidi. Non solo, essi saranno in grado di andare ben oltre le dimensioni di qualsiasi altro vertebrato vegetariano comparso sulla Terra. Una delle ragioni del loro successo, e fattore chiave per non imboccare la stessa trasformazione vista nei caseidi, è legata ad una innovazione anatomica che essi avevano ereditato dai loro antenati saurischi, e che costituisce uno degli elementi più distintivi del loro eccezionale modello biologico.

Capitolo secondo
Decollare

I pesci non indossano la cravatta. I motivi, prima ancora che estetici o culturali, sono anatomici: i pesci non hanno il collo. In un pesce, l'armatura di ossa che forma lo scheletro superficiale della testa (alcune di queste ossa sono anche nei nostri crani, ad esempio, l'osso frontale) si estende oltre la testa, sulla parte anteriore del corpo, circondando le prime ossa della colonna vertebrale e la regione anteriore della gabbia toracica, senza soluzione di continuità, confluendo con lo scheletro superficiale che forma la "corazza" della regione delle pinne pettorali (alcune ossa di quella armatura sono anche nello scheletro delle nostre spalle, ad esempio, la scapola). In questi animali, scheletro della testa e scheletro delle pinne anteriori sono quindi parte del medesimo assemblaggio di ossa superficiali. Come documentato da numerosi fossili di pesci vissuti durante la metà del Paleozoico (tra 400 e 300 milioni di anni fa), lungo la linea evolutiva che porta ai vertebrati terrestri lo scheletro superficiale della testa e quello della regione pettorale sono stati progressivamente separati, e si è formato uno spazio intermedio, privo di armatura ossea. Libera dalla rigida impalcatura di ossa protettive che prima la ricopriva, questa zona intermedia, dove sono posizionate le primissime ossa della colonna vertebrale, si è specializzata per permettere alla testa di ruotare indipendentemente dal resto del corpo. Questa regione anatomica è il collo. Fuori dall'acqua, dove non sempre è possibile muovere l'intero corpo con la stessa disinvoltura con cui un pesce può manovrare nuotando, il collo costituisce un utile adattamento che permette almeno alla parte "esploratrice" del corpo, quella dotata degli organi di senso e delle mandibole (ovvero, la testa) di essere relativamente mobile e agile anche in situazioni in cui il resto del corpo deve (o preferisce) mantenersi fermo e stabile. Sebbene il nostro punto di vista da animali eretti dotati di colli corti tenda a sottostimarne il valore, il collo è una delle più grandi innovazioni nella storia dei vertebrati, perché ha permesso alla testa di lavorare in relativa autonomia rispetto al resto del corpo. Una dimostrazione eccellente ed estrema di questa separazione dei ruoli anatomici la osserviamo nelle tartarughe, il cui corpo può raffinare all'estremo l'arte della difesa, conservando una testa mobile e reattiva che può "entrare" ed "uscire" dal corpo a seconda delle esigenze, grazie alla grande mobilità del collo.

La possibilità di "svincolare" le funzioni della testa da quelle del corpo ha portato, in alcune linee di vertebrati terrestri, all'evoluzione di colli sempre più mobili oppure sempre più lunghi. L'allungamento del collo, unito alla sua mobilità, permette all'animale di esplorare una più ampia regione dello spazio senza necessariamente muovere il proprio corpo: è la testa che, "da sola", viene portata dal collo in zone che altri animali, privi di colli lunghi e mobili, potrebbero esplorare solamente spostando *in toto* l'intero loro corpo. E se la possibilità di spostare solamente la testa può apparire abbastanza superflua per animali il cui corpo è piccolo e leggero, essa diventa una innovazione straordinariamente utile qualora il corpo raggiunga dimensioni e pesi giganteschi. In quel caso, disporre di un collo lungo e mobile infatti permette di minimizzare lo spostamento dell'intero corpo, riducendo al minimo il consumo di energia. Parrebbe, quindi, che l'evoluzione di un lungo collo sia talmente utile e vantaggiosa che essa risulti "inevitabile" nella storia dei vertebrati terrestri. Tuttavia, un simile adattamento richiede una serie di modifiche e compromessi anatomici non indifferenti, perché il collo è attraversato dai sistemi nervoso, digerente e respiratorio, ognuno con specifiche esigenze fisiologiche, non sempre in accordo con le esigenze degli altri sistemi. Di fatto, l'evoluzione di un collo lungo è vincolata e limitata a certe condizioni ecologiche e ambientali. In particolare, l'evoluzione di un collo lungo tende ad essere sfavorita in quei gruppi in cui la dimensione della testa è un elemento chiave per la loro sopravvivenza. Ad esempio, un animale macrofago (vedere i primi due volumi) richiede mandibole allungate e robuste, mosse da potenti muscoli masticatori: questo mix impone una dimensione (ed una massa) alla testa che, a sua volta, rendono molto dispendioso l'allungamento del collo, dato che esso aumenta lo svantaggio meccanico di avere una testa relativamente pesante. Oltre una certa dimensione della testa, il collo deve necessariamente essere corto, tozzo e robusto, altrimenti i suoi muscoli non saranno in grado di sorreggere e muovere il capo in modo efficiente. Questa banale costrizione fisica spiega come mai, in molti gruppi di vertebrati terrestri, al loro interno abbiamo sia linee formate da animali con collo lungo e testa ridotta sia altre con collo corto e testa voluminosa.

Dato che il collo lungo è vantaggioso in presenza di una testa ridotta, se un gruppo si è distinto dai suoi simili per la riduzione delle dimensioni della testa, tenderà ad evolvere un collo più lungo rispetto ai loro parenti prossimi che non hanno ridotto le dimensioni del capo. Nel precedente capitolo, abbiamo visto che i primi sauropodomorfi si distinsero dagli altri dinosauri triassici per aver ridotto le dimensioni relative del cranio rispetto a quelle del corpo. Non stupisce quindi che essi abbiano quasi immediatamente (in termini evoluzionistici) acquisito colli relativamente allungati. Anche se intrinseco al modello biologico che i sauropodomorfi stavano realizzando, il grado estremo di allungamento che sarà raggiunto da questo gruppo durante i successivi 80 milioni di anni è comunque eccezionale. Scheletri completi di alcuni sauropodi cinesi, e resti molto frammentari di altri rinvenuti in Nord America e Patagonia, dimostrano che, all'apice della loro evoluzione, questi animali furono in grado di realizzare colli giganteschi, lunghi più di una dozzina di metri e punto di ancoraggio per alcune tonnellate di massa muscolare. Se per noi il collo è niente più che il collegamento tra testa e torace, per i sauropodi esso fu il fondamento della loro biologia di successo.

Abbiamo visto che l'allungamento del collo richiede una testa ridotta: questa ultima condizione è quindi sì necessaria, ma non sufficiente a spingere una linea evolutiva in quella direzione. Anche i caseidi menzionati nel precedente capitolo avevano ridotto le dimensioni dei loro crani, ma non realizzarono mai un collo più lungo rispetto a quello dei loro parenti. Come spesso accade nell'evoluzione di un particolare adattamento, il suo successo richiede e impone una serie di compromessi da rispettare. Il collo tende a sbilanciare l'animale rispetto al suo centro di massa, e ciò, negli animali terrestri, può compromettere l'efficienza nella locomozione. Alcuni gruppi di rettili acquatici e semi-acquatici, come i prolacertiformi e i plesiosauri, furono in grado di realizzare colli molto lunghi rispetto alle dimensioni del corpo, ed è plausibile che ciò fu possibile proprio perché essi avevano abbandonato uno stile di vita terricolo, adattandosi ad un contesto, quello acquatico, dove non sussistono i vincoli meccanici legati all'equilibrio del corpo rispetto al movimento delle zampe, vincoli che sono tipici della vita sulla terraferma ma meno stringenti per un nuotatore. I sauropodomorfi, nell'evolvere un collo allungato, dovettero quindi sviluppare un sistema di locomozione in grado di gestire e contrastare lo sbilanciamento prodotto dal collo? Essi disponevano di tale sistema ben prima che iniziassero ad allungare il collo. Nei primi capitoli del Primo Volume, ho descritto i passaggi principali della progressiva evoluzione della postura eretta e poi bipede che definisce il modello anatomico dei primi dinosauri. I sauropodomorfi iniziarono la propria evoluzione già muniti di quelle innovazioni anatomiche (tipiche di tutti i dinosauri) che permettono non solo una locomozione eretta molto efficiente, ma sopratutto una gestione dinamica dell'equilibrio, che, in animali bipedi, è un equilibrio perennemente instabile, continuamente modulabile. Disporre di un corpo che è impostato per gestire una perenne instabilità (il bipedismo eretto ed obbligatorio) fornisce i presupposti per gestire senza rischi anche l'instabilità derivante da un collo lungo.

Un collo lungo ha una maggiore tendenza a piegarsi verso il basso, a flettere per effetto del suo peso, rispetto ad un collo corto. La possibilità di alleggerirlo senza comprometterne la resistenza alla flessione è un ulteriore fattore che permette e favorisce l'allungamento di questo organo. In particolare, le ossa sono la parte più densa e pesante del corpo: qualsiasi innovazione in grado di ridurre la massa dello scheletro senza alterarne le proprietà meccaniche, ad esempio, eliminando eventuali parti superflue e sostituendole con tessuti più leggeri, costituirebbe un adattamento vincente in grado di accelerare l'evoluzione di colli più lunghi. I sauropodomorfi disponevano nel loro "repertorio evolutivo" di una innovazione anatomica in grado di alleggerire il loro scheletro senza comprometterne la resistenza e robustezza. Abbiamo visto nel Primo Volume che i pan-aviani precursori di tutti i dinosauri svilupparono delle espansioni del sistema respiratorio interne alla cavità corporea, dette "sacchi aerei", le quali hanno la capacità di penetrare le ossa e occuparne lo spazio interno, rimuovendo il tessuto osseo e rimpiazzandolo con vescicole comunicanti con il polmone e riempite di aria. Questo adattamento è ereditato nei sauropodomorfi dai loro antenati dinosauriani, e sarà sviluppato al massimo nei sauropodi del Cretacico. Inizialmente, nei primi sauropodomorfi del Triassico, questo attributo è poco pronunciato, dato che le ossa di questi dinosauri non mostrano vere e proprie cavità pneumatiche ma solamente delle lievi fosse che scavano la superficie laterale delle vertebre alla base del collo. La limitata estensione di queste fosse pneumatiche nei primi sauropodomorfi è molto intrigante, se vista da una prospettiva evoluzionistica. Difatti, la medesima disposizione delle fosse lungo lo scheletro, limitata alla base del collo, si osserva nei primi neoteropodi, nei silesauridi e nei primi rettili volanti (vedere il Primo Volume): ciò suggerisce che, in origine, il sistema dei sacchi aerei nei primi pan-aviani fosse collocato unicamente alla base del collo, e che poi ciascun gruppo, indipendentemente uno dall'altro, abbia acquisito una più pronunciata pneumatizzazione dello scheletro. Oltre a confermare l'origine comune di tutti i dinosauri a partire da un antenato condiviso con gli pterosauri, la somiglianza nel modo con cui ogni gruppo ha progressivamente elaborato il proprio repertorio di fosse e cavità pneumatiche dello scheletro suggerisce che il programma genetico che controlla l'espansione dei sacchi aerei negli uccelli moderni sia molto antico e fosse presente in tutti i pan-aviani.

Se analizziamo nel dettaglio una vertebra del collo di un sauropodomorfo, non importa a quale "grado" nell'evoluzione del gruppo sia, noteremo che, in analogia con quanto accade coi teropodi, la pneumatizzazione non rimuove il tessuto osseo in modo casuale o indiscriminato. Il processo di penetrazione dei sacchi aerei sulle ossa del collo difatti segue una logica "diplomatica", dettata dall'esigenza nell'animale di permettere quanta più rimozione di tessuto osseo senza per questo compromettere la robustezza dell'osso. Le fosse prodotte dai diverticoli pneumatici del sistema respiratorio difatti tendono a distribuirsi simmetricamente sull'osso (anche se, va notato, tale simmetria non è mai perfetta, così che il sistema di fosse su un lato del medesimo osso non risulta mai una copia speculare dell'altro lato), di modo che il peso della vertebra non sia sbilanciato su un lato. Inoltre, le fosse pneumatiche su ciascun lato evitano di rimuovere del tutto i collegamenti tra i principali elementi della vertebra stessa, in particolare le impalcature su cui si inseriscono le coste e i processi su cui si ancorano muscoli e tendini. Il risultato di questo compromesso tra esigenze espansive della pneumatizzazione ed istanze conservative dei punti di lavoro meccanico della vertebra è un intricato sistema di creste e "ponteggi" detti "laminazioni".

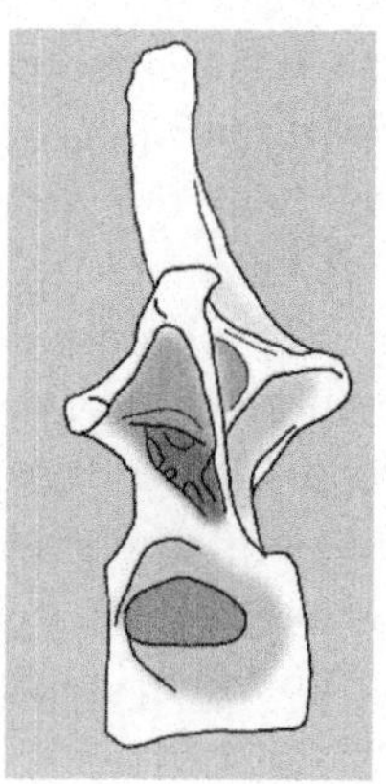

Vertebra dorsale di *Diplodocus* ed il suo elaborato sistema di lamine e fosse pneumatiche (zone grigie).

Nei sauropodi, la geometria delle laminazioni raggiunge il massimo della complessità, ed è una della basi per la definizione delle specie e per la classificazione dei gruppi tassonomici. Ad esempio, la specie *Tataouinea hannibalis*, menzionata nel Prologo, e della quale conosciamo solamente parte del bacino e della coda, è definita grazie (anche) alla peculiare combinazione di lamine che formano l'impalcatura delle vertebre preservate: dato che un così complesso sistema di lamine è tipico dei sauropodi (le laminazioni delle vertebre sono presenti anche in altri pan-aviani, come i neoteropodi, ma mai con un simile livello di complessità), non occorre disporre di altre ossa per avere la certezza che quello scheletro sia di un sauropode (nello specifico, un rebbachisauride, un gruppo molto peculiare di sauropodi cretacici, di cui parlerò in un prossimo capitolo).

Legato all'espansione dei sacchi aerei ed allo sviluppo di laminazioni nelle vertebre, un altro elemento della biologia dei dinosauri ha costituito un adattamento chiave per permettere l'evoluzione di lunghi colli (non solo nei sauropodi). La quantità di aria che il polmone è in grado di utilizzare per svolgere gli scambi gassosi ad ogni atto respiratorio non corrisponde al volume totale di gas che l'animale è in grado di inspirare durante quel singolo atto. Difatti, quel volume di aria si distribuisce lungo tutto il tratto respiratorio, dalle narici fino al polmone, ma è solamente all'interno degli alveoli di questo ultimo che avvengono gli scambi gassosi. Il resto del volume di gas, pur inspirato, non partecipa allo scambio gassoso, ed è quindi inutile per captare ossigeno oltre che potenzialmente dannoso in quanto zona di ristagno dell'anidride carbonica appena captata dal polmone e proveniente dal sistema circolatorio. La quantità di aria che non può essere coinvolta nel processo vero e proprio di scambio dei gas con un singolo atto respiratorio è detta "spazio morto". In particolare, nei vertebrati terrestri, lo spazio morto più importante è localizzato nella trachea, il condotto tubolare che collega la regione della laringe con i polmoni e che attraversa il collo. Tanto più lunga è la trachea tanto più grande è il suo spazio morto. Oltre una certa lunghezza della trachea, la quantità di spazio morto risultante comporta degli inevitabili svantaggi per la respirazione. Dato che la trachea corre lungo il collo, colli lunghi hanno trachee più lunghe e quindi spazi morti maggiori di animali della stessa mole ma collo più corto.

L'allungamento del collo comporta quindi degli svantaggi significativi dovuto all'aumento dello spazio morto respiratorio. Questo significa che l'allungamento del collo deve essere accompagnato da meccanismi di ventilazione polmonare che migliorino l'efficienza dello scambio dei gas e quindi contrastino l'inevitabile aumento dello spazio morto. Studi sui vertebrati moderni mostrano che il sistema di ventilazione degli uccelli, basato su un polmone relativamente piccolo e rigido pompato da un sistema di sacchi aerei posti nella zona toracica ed addominale, è molto più efficiente nel ricambiare lo spazio morto rispetto al sistema "a mantice" della maggioranza degli altri vertebrati terrestri (e che è presente anche in noi). Dato che è plausibile che almeno i dinosauri dotati di complesse laminazioni nelle vertebre avessero un elaborato sistema di sacchi aerei (condizione necessaria per un meccanismo di ventilazione polmonare più simile a quello degli uccelli rispetto a quello degli altri vertebrati; vedere il Primo Volume), è molto probabile che un meccanismo respiratorio "da uccello" sia stato un fattore chiave che permise ai sauropodomorfi di sviluppare colli sempre più lunghi senza risentire degli effetti collaterali dati dall'aumento corrispondente dello spazio morto nelle loro trachee.

Capitolo terzo
Prosauropodi duri e puri

I primi sauropodomorfi, noti principalmente da livelli brasiliani e argentini risalenti a 230 milioni di anni fa, sono a malapena distinguibili dagli altri saurischi del periodo. I pochi attributi "originali", che ritroveremo anche nei successivi sauropodomorfi, sono mescolati in una anatomia generale "da dinosauro ancestrale" fondata sul bipedismo, la presenza di arti anteriori relativamente corti ma armati di dita artigliate, arti posteriori lunghi con adattamenti cursori e dimensioni totali che non superano il metro e mezzo di lunghezza. Non stupisce che la collocazione in Sauropodomorpha di questi animali abbia subito e possa subire ulteriori modifiche e revisioni con la scoperta di nuovi fossili. I loro requisiti sauropodomorfi sono minimi, quindi intrinsecamente deboli. Tale debolezza non dipende tanto nella mancanza di dati (in alcuni casi, come *Eoraptor*, disponiamo di esemplari quasi completi) ma dall'esiguo numero di caratteristiche "da sauropodomorfo" che erano presenti in questi primissimi alfieri del gruppo: è proprio tale esiguità a dirci che essi sono da considerare forme molto primitive del gruppo, e, al tempo stesso, è proprio l'esiguità dei dati positivi a rendere tale interpretazione intrinsecamente fragile. Anche tenendo conto delle possibili revisioni legate allo sviluppo delle analisi sui primi sauropodomorfi, revisioni che avvengono di frequente in tutti i gruppi fossili, lo status tassonomico di questi dinosauri è anche influenzato da impostazioni "tradizionaliste", dall'aderenza o meno di questi nuovi fossili a "tipologie" di dinosauro che furono definite un secolo fa e che sono rimaste più o meno consciamente nella testa dei paleontologi. In particolare, per molti decenni è persistita l'idea che i sauropodomorfi triassici fossero solamente degli stadi di transizione lungo la serie che partiva dai primi dinosauri e terminava nei sauropodi del Giurassico. Una volta impostata una tale sequenza evolutiva (qualsiasi essa sia nei suoi dettagli), risultava essere un sauropodomorfo ogni fossile triassico che collimasse bene, senza troppe sbavature, con la sequenza adattativa che si riteneva avesse plasmato il modello anatomico dei grandi dinosauri come *Diplodocus* e *Brachiosaurus* a partire da piccoli arcosauri bipedi. Il fossile che non collimava con tale sequenza era escluso dal gruppo e non poteva essere considerato un sauropodomorfo. Pertanto, anche se tutti gli autori concordano nel considerare animali come *Eoraptor* e *Buriolestes* dei saurischi, non è proprio immediato chiamarli "sauropodomorfi", sebbene le prove anatomiche diano un discreto supporto a tale classificazione. La causa di questa "inerzia" nell'accettare animali come *Eoraptor* in Sauropodomorpha è quindi squisitamente storica e culturale: un tale dinosauro non pare conformarsi bene con l'idea "classica" con la quale, per decenni, i paleontologi hanno definito i primi sauropodomorfi.

L'evoluzione dei sauropodomorfi è descritta tradizionalmente come una sequenza lineare che parte da un piccolo dinosauro bipede e arriva ai primi sauropodi. Gli stadi intermedi della sequenza sono uniti nel gruppo dei "prosauropodi".

Tradizionalmente, i sauropodomorfi triassici sono stati ricondotti ad un modello anatomico detto "prosauropode", modello che è ben diverso da quello incarnato da *Eoraptor* (il quale è più simile al modello generale del teropode primitivo, o del "saurischio ancestrale"). Tale modello era visto come la naturale transizione, anatomica, ecologica ed adattativa, tra il saurischio primitivo (piccolo, bipede e carnivoro) ed il sauropode vero e proprio (enorme, quadrupede e vegetariano). Il prosauropode "classico" è un dinosauro lungo alcuni metri, in alcuni casi quasi fino a una decina, prevalentemente bipede ma che può anche assumere una postura quadrupede, dotato di un collo più lungo di quello dei primi saurischi, fornito di una testa di dimensioni ridotte e dotata di mandibole e denti inequivocabilmente adatti alla dieta vegetariana, e munito di arti anteriori moderatamente lunghi ma robusti, armati sul primo dito di un artiglio tozzo e vagamente falciforme. Il più classico dei prosauropodi, quasi l'archetipo del modello anatomico, è il genere europeo *Plateosaurus*, uno dei primissimi dinosauri scoperti durante la prima metà del XIX Secolo.

Il concetto classico di "prosauropode" è risultato essere una forzatura, oltre che un ostacolo verso la piena comprensione della storia evolutiva dei sauropodomorfi. Va chiarito che il "modello prosauropode" altro non è che un generico riferimento a qualsiasi "animale simile a *Plateosaurus*". Pertanto, il "prosauropode" da un punto di vista "tipologico" esiste, e non è altro che quella combinazione di caratteristiche che incontriamo in *Plateosaurus* e in varie linee di sauropodomorfi non troppo lontani evolutivamente da *Plateosaurus*. Ed è proprio questa generica similitudine con *Plateosaurus* che rende il "prosauropode" fuorviante e riduttivo. Non tutti i sauropodomorfi sono "simili a *Plateosaurus*" (qualsiasi sia il criterio usato per definire tale similitudine), e sopratutto, non tutte le caratteristiche di *Plateosaurus* sono significative per cogliere la sequenza di modificazioni che porta ai sauropodi. Ridurre quindi i sauropodomorfi triassici al "modello *Plateosaurus*" impedisce di ricostruire le peculiari specializzazioni di molti sauropodomorfi, inclusi gli antenati diretti dei sauropodi. Il "successo" di *Plateosaurus* è figlio della paleontologia dei dinosauri come concepita un secolo fa. Contingenze storiche hanno quindi creato il "concetto di prosauropode", hanno elevato quel sauropodomorfo ad "archetipo" di tale modello, e lo hanno fissato come ancestrale a quello dei sauropodi.

Per gran parte della seconda metà del XIX Secolo, i resti fossili dei sauropodomorfi restano piuttosto frammentari, e sono considerati dai paleontologi come appartenenti a dinosauri carnivori primitivi. Va tenuto presente che, in quel periodo, i gruppi tassonomici usati dagli autori spesso non sono riconducibili a quelli definiti coi criteri attuali, per cui molte categorie ottocentesche, pur usando nomi che sono tuttora validi (come Saurischia o Theropoda) non corrispondono alle medesime "entità evolutive" alle quali oggi associamo quei medesimi nomi. In alcuni casi, le categorie tassonomiche erano del tutto incompatibili con i criteri che usiamo ora. Ad esempio, alcuni rettili che oggi sono classificati tra i parenti triassici dei coccodrilli, come i rauisuchidi, erano considerati dei dinosauri carnivori primitivi, e sovente risultano collocati prossimi all'origine di animali che oggi classifichiamo tra i sauropodomorfi. Dato che almeno fino al 1880 non esistevano resti sufficientemente completi di sauropodi che potessero dare una idea generale del modello anatomico di questi ultimi, era persino impossibile ipotizzare che alcuni dinosauri triassici come *Plateosaurus* fossero potenziali precursori dei sauropodi. Sarà solo con l'inizio del XX Secolo e la definitiva identificazione dei sauropodi quali li concepiamo oggi, che i paleontologi si interrogheranno su quale fosse l'origine di quei dinosauri e sarà delineato il concetto del "prosauropode" come precursore triassico dei sauropodi, che ha poi persistito fin quasi ad oggi nella tassonomia dei dinosauri.

Il modello biologico prosauropode (che, usando una terminologia più consona alle attuali concezioni evoluzionistiche, è un grado non-gravisauriano dei sauropodomorfi) inizia a delinearsi già intorno a 230 milioni di anni fa. I primissimi rappresentanti di questa tendenza sono associati alle forme primitive incontrate nei precedenti capitoli. Animali come *Saturnalia*, dal Brasile, introducono ulteriori adattamenti alla dieta vegetariana, in particolare nella forma dei denti. I denti dei primissimi sauropodomorfi, come *Buriolestes*, mantengono la forma che aveva caratterizzato tutti gli arcosauriformi carnivori, e che persisterà nella maggioranza dei teropodi: denti a forma di coltello, incurvati verso il fondo della bocca, lievemente appiattiti di lato e muniti di una affilata serie di seghettature lungo il margine anteriore e posteriore. Questo tipo di dente è adatto a trattenere le prede, coadiuva il loro ingoio (puntando verso il retro della bocca, questi denti "indirizzano" il boccone verso la gola) e grazie alla seghettatura del margine affilato lacera la pelle ed i muscoli. Già con i denti di *Eoraptor* abbiamo visto un parziale allontanamento dalla dieta carnivora, dato che essi sono meno incurvati ed appiattiti di quelli tipici dei dinosauri predatori. Con *Saturnalia* e tutti i successivi sauropodomorfi, la dentatura perde praticamente ogni adattamento per processare la carne. I denti non sono più "a forma di coltello", dato che la loro punta non è incurvata verso il fondo della bocca. Inoltre, il dente stesso presenta una forma più simmetrica, detta "a foglia", dotata di un colletto alla base e di una geometria vagamente romboidale. Sopra questa impalcatura "a foglia" non si estende più la schiera di piccole seghettature adatte a lacerare, bensì una sequenza meno numerosa di punte più ampie e grossolane, che conferiscono al dente una forma più frastagliata. Questa morfologia, che si osserva oggi in vari gruppi di lucertole vegetariane (ad esempio, le iguane), è adatta a trattenere e strappare materiale vegetale, come foglie e germogli. La trasformazione dei denti da "coltelli" a "spatole frastagliate" indica un netto cambio di dieta e di ecologia nei sauropodomorfi, già intorno a 230 milioni di anni fa. Pur conservando una ecologia onnivora e generalista, questi dinosauri si erano chiaramente rivolti sempre più a consumare materiale vegetale e a ridurre progressivamente l'apporto di carne dalla loro dieta.

In base alla documentazione attuale, il passaggio da una dieta prettamente carnivora ad una prettamente vegetariana avvenne in seno ai primi sauropodomorfi intorno a 230 milioni di anni fa. Come discusso nel Primo Volume, è dibattuto se la dieta vegetariana fu una condizione ancestrale dei dinosauri, condivisa con i loro parenti silesauridi, oppure se i differenti gruppi abbiano evoluto questa ecologia in parallelo, ma separatamente uno dall'altro, a partire da una condizione ancestrale pienamente carnivora. Il fatto che sia i primi sauropodomorfi (come *Buriolestes*) che i silesauridi più primitivi (come *Lewisuchus*) conservino una dentatura adatta alla dieta carnivora supporta l'ipotesi della convergenza adattativa, ovvero che i differenti gruppi abbiano acquisito la dieta vegetariana indipendentemente uno dall'altro. Inoltre, è intrigante che almeno due (se non tre) gruppi di dinosauromorfi si siano specializzati verso una dieta vegetariana durante il medesimo intervallo temporale (tra 235 e 225 milioni di anni fa), poiché potrebbe indicare che tutti questi gruppi furono spinti verso la dieta vegetariana da una causa (o combinazione di cause) comune. Il candidato più plausibile a sostegno di questo scenario è un fenomeno paleoclimatico globale, deducibile da innumerevoli prove geologiche e paleontologiche raccolte in ambo gli emisferi, avvenuto proprio intorno a 230 milioni di anni fa e detto "Evento Pluviale Carnico" (EPC). Il Carnico è l'intervallo (stadio) del Triassico Superiore in cui avviene la primissima diversificazione dei dinosauri e dei silesauridi. L'EPC fu una fase relativamente breve (circa un milione di anni) del Carnico, caratterizzata da rapido cambiamento climatico globale, in particolare, questa fase è contraddistinta da condizioni molto più umide di quelle tipiche di Pangea durante la metà del Triassico. L'EPC è stato ampiamente studiato proprio in Italia, grazie al ricco registro marino ed alla cospicua fauna ad impronte di vertebrati terrestri risalenti a quel periodo, rinvenute sulle Alpi. Tra i possibili "motori" dell'EPC sono stati invocati una "improvvisa" (in termini geologici) fase di vulcanesimo documentata in Canada e la parziale chiusura di un ramo del grande Oceano della Tetide che separava trasversalmente parte del supercontinente di Pangea, fenomeni che avrebbero immesso maggiori quote di gas serra in atmosfera e modificato la circolazione delle correnti sia marine che atmosferiche a scala globale. Quali che siano i fattori che provocarono la EPC, l'improvviso passaggio (in termini geologici) a condizioni umide potrebbe aver favorito un'espansione delle comunità vegetali, e quindi indotto numerosi gruppi di vertebrati terrestri a sfruttare sempre più efficacemente l'abbondante risorsa data dal cibo vegetale. I dinosauri potrebbero quindi aver colto l'improvvisa abbondanza di risorse vegetali a loro volta permesse dalle condizioni calde e umide dell'EPC, e sarebbero andati incontro ad una accelerazione evolutiva verso morfologie più "pascolatrici", con relativi adattamenti vegetariani. Questo tema era già stato affrontato nel Primo Volume, dato che coinvolge anche i silesauridi e, indirettamente, anche i neoteropodi. La biologia dei primi dinosauri forse risultò "fortunata" (ovvero, potenzialmente adattativa) proprio per sfruttare meglio degli altri gruppi l'improvvisa rivoluzione climatica globale, e fu quindi avvantaggiata dalle inusuali condizioni prodotte dall'EPC.

L'ipotesi che il brusco passaggio a condizioni umide, durato un milione di anni, possa aver spinto e favorito l'evoluzione della dieta vegetariana in alcuni gruppi di dinosauri è molto intrigante, anche se richiederà una maggiore risoluzione sulle tempistiche e modalità con cui i vari gruppi di dinosauri acquisirono tali adattamenti. Spesso, difatti, quello che possiamo osservare nel registro fossilifero dei vertebrati terrestri è troppo frammentario per poter supportare in modo affidabile una relazione di cause ed effetti rispetto alle trasformazioni climatiche ed ambientali. Come ho sottolineato in più punti di questi volumi, la conoscenza attuale sulla storia iniziale dei dinosauri è sbilanciata a favore della documentazione sudamericana, ma ciò non implica automaticamente che il gruppo comparve effettivamente in quella zona di Pangea e che poi si diffuse nel resto del pianeta proprio a cavallo dell'EPC. La tentazione di leggere "alla lettera" il registro fossile dei dinosauri, come se fosse completo alla pari di quello dei microfossili marini, è una sirena tanto ammaliante quanto pericolosa, che rischia di farci schiantare contro gli scogli delle "mitologie paleontologiche". Ad oggi, non esiste una robusta ricostruzione dei tempi e dei modi con cui Dinosauria si diversificò nel Triassico. In attesa di realizzare una più solida cronologia della prima fase della storia dinosauriana, è saggio mantenersi cauti rispetto alla, pur affascinante, ipotesi di una relazione diretta tra radiazione adattativa dinosauriana, origine dei gruppi vegetariani, ed Evento Pluviale Carnico.

Capitolo quarto
Raddoppiare il sostegno

La documentazione fossile dei sauropodomorfi della seconda parte del Triassico Superiore (risalente a 220-200 milioni di anni fa) è più ricca rispetto alla prima parte. Ciò può essere legato almeno in parte ad una migliore preservazione di questi strati, ad una maggiore esposizione a livello globale (che rende più facile la loro identificazione e la scoperta di fossili), ma è sopratutto la prova di un successo evolutivo, di una radiazione adattativa in atto durante quella fase del Mesozoico. Quale che fu il ruolo dell'Evento Pluviale del Carnico nell'evoluzione dei dinosauri, a partire dal Norico (il successivo e penultimo stadio del Triassico), i sauropodomorfi si diffondono su gran parte di Pangea. Oltre al Sud America, che continua a fornire nuove specie di sauropodomorfi, un contributo importante alla documentazione dell'evoluzione di questi dinosauri viene dall'Europa continentale, in particolare la zona germanica. Il primo ad essere scoperto (intorno al 1830) e più famoso dei "prosauropodi", *Plateosaurus*, è tra questi sauropodomorfi tardo-triassici europei.

Il nome "Plateosaurus" ha avuto un destino simile a quello di altri nomi di dinosauro istituiti durante i primi decenni dalla scoperta di questi fossili (ad esempio, "Iguanodon" e "Megalosaurus"). Durante il XIX Secolo, il concetto di specie fossile era più ambiguo e sfumato rispetto a come è inteso oggi dai paleontologi, e gli stessi paleontologi sovente attribuivano un nome a resti frammentari di dinosauro con un certa soggettività e liberalità. Inoltre, la quasi totale assenza di scheletri articolati di questi animali (almeno fino alla fine degli anni '70 di quel secolo) e la loro inusuale anatomia non riconducibile pienamente ad alcuna categoria moderna (mescolante attributi tipici dei rettili con quelli degli uccelli e dei mammiferi) portarono i paleontologi a creare classificazioni molto blande e grossolane che inducevano facilmente a riferire qualsivoglia fossile dentro i generi più famosi. Di conseguenza, larga parte dei sauropodomorfi triassici dell'Europa continentale scoperti per un secolo è stata più o meno direttamente riferita a *Plateosaurus*, rendendo tale nome un contenitore molto ambiguo e "generalista". Ciò ha contribuito a rafforzare l'idea che i "prosauropodi", di cui *Plateosaurus* era ormai il rappresentante più noto, fossero dinosauri relativamente poco specializzati, dall'anatomia "primitiva" e uniforme. Per avere una revisione rigorosa e dettagliata di *Plateosaurus*, che ha messo ordine alla documentazione sui sauropodomorfi triassici europei, bisognerà attendere gli ultimi decenni del XX Secolo. Grazie a scheletri in eccellente stato di preservazione, questo sauropodomorfo tedesco è uno dei dinosauri triassici meglio noti, l'equivalente "mediatico" di ciò che *Coelophysis* è stato per i teropodi. Animale con dimensioni adulte notevoli per un rettile triassico, lungo fino a otto-nove metri, *Plateosaurus* presenta un cranio squadrato e relativamente allungato, ampie narici esterne (tratto tipico di tutti i sauropodomorfi), una fitta serie di numerosi denti a forma "di foglia", un collo allungato con vertebre robuste ma blandamente pneumatizzate, arti anteriori corti ma robusti, mano con cinque dita, di cui le prime tre munite di ungueali molto robusti (il primo, in particolare, falciforme), e arti posteriori robusti ma non graviportali, che implicano una discreta versatilità nella postura bipede. Sebbene per decenni sia stata dibattuta la possibilità di una andatura quadrupede in questo dinosauro, l'analisi delle ossa dell'avambraccio e della mano mostrano l'assetto classico dei dinosauri bipedi e non mostrano gli adattamenti alla postura quadrupede che troveremo invece nei sauropodomorfi più prossimi ai sauropodi (oltre che, ovviamente, nei sauropodi stessi).

I sauropodomorfi della seconda metà del Triassico Superiore mostrano un'ampia varietà di forme, dimensioni e adattamenti, non tutti riconducibili al "modello *Plateosaurus*". A prima vista, concentrandoci sulla morfologia generale, essi appaiono più uniformi rispetto ad altri gruppi di dinosauri, così che per individuare le loro peculiarità è necessario scendere nei dettagli. Questi dettagli non sono mere variazioni casuali intorno ad un tema comune, ma precisi adattamenti, in particolare a livello dei sistemi digerente e locomotorio. La prima fonte di variazione, la più appariscente, è data dalle dimensioni corporee adulte. Se i primi sauropodomorfi incontrati nei precedenti capitoli avevano tutti mantenuto le dimensioni tipiche dei primi dinosauri (intorno al paio di metri di lunghezza), le forme della fine del Triassico si diversificano su tutte le taglie fino a oltre quattro volte la lunghezza dei loro antenati. Lo stesso *Plateosaurus* risulta, per gli standard dei dinosauri incontrati fino a quel momento, gigantesco. La possibilità di aumentare di ben quattro volte nelle dimensioni lineari (e di oltre 50 volte nel peso) è la conseguenza di innovazioni nello scheletro della colonna vertebrale e degli arti posteriori, che meritano una – seppur molto generale – analisi e spiegazione.

Collegate con l'aumento delle dimensioni, i nuovi sauropodomorfi del tardo Triassico mostrano innumerevoli modifiche a livello del bacino e dell'arto posteriore, adattamenti per permettere al sistema muscolare e scheletrico di sostenere e muovere un corpo molto più pesante di quello dei primi dinosauri. Il bacino si allarga, e si salda alla colonna vertebrale grazie ad un terza vertebra nel sacro, che si aggiunge alle due inizialmente presenti nei loro antenati, così da fornire una maggiore stabilità proprio nella zona in cui, negli animali bipedi, si trasmette e scarica l'intero peso del corpo. L'aumento del numero delle ossa sacrali è un processo avvenuto almeno tre volte nella storia dei primi dinosauri, e che si ripeterà innumerevoli volte, incrementando progressivamente il numero delle vertebre sacrali, lungo la storia dell'intero gruppo. Sebbene, tradizionalmente, si affermi che la presenza di più di due ossa sacrali sia un attributo "fondativo" dei dinosauri, questa caratteristica non pare essere stata presente nell'antenato comune di tutto il gruppo, ma fu acquisita separatamente (per convergenza adattativa) dai sauropodomorfi di grande dimensione, dai neoteropodi e dagli ornitischi. Difatti, questa condizione è assente negli herrerasauridi, nei primi sauropodomorfi e nei primissimi teropodi, e quindi non è più considerata una "legittima" condizione comune di tutto Dinosauria, bensì una tendenza diffusa dei suoi rami di maggior successo. Il fatto la "sacralizzazione" (l'aumento del numero delle ossa che legano la colonna vertebrale al bacino) si verifichi nei neoteropodi e negli ornitischi primitivi, animali ben più piccoli dei sauropodomorfi "sacralizzati", implica che le cause di questo processo in Theropoda ed Ornitischia furono differenti da quelle che spinsero tale fenomeno in Sauropodomorpha. Quale che sia la motivazione adattativa della sacralizzazione negli altri dinosauri, nei sauropodomorfi è legata all'aumento delle loro dimensioni corporee, associate ad uno stile di vita meno agile e cursorio e votato alla graviportalità (letteralmente, la capacità di sostenere un grande peso).

Abbiamo visto nel Primo Volume che l'aumento delle dimensioni corporee tende inevitabilmente a modificare le proporzioni corporee degli animali che ne sono soggetti, e che ciò sia spiegabile in base a ragioni meccaniche che "costringono" i muscoli a svolgere un lavoro sempre meno efficiente mano a mano che essi (ed i corpi in cui alloggiano) crescono di dimensione. Di conseguenza, l'aumento delle dimensioni corporee porta inevitabilmente a ridurre la velocità ed agilità dei muscoli, riduzione che si accompagna ad un progressivo aumento della resistenza e robustezza delle ossa. I sauropodomorfi triassici che imboccarono la strada delle grandi dimensioni furono quindi "incanalati" da questi vincoli biomeccanici verso un nuovo modello anatomico, sempre meno agile ma sempre più robusto. Le gambe tipiche dei primi dinosauri, con estremità affusolate e dotate della maggioranza degli attacchi muscolari nella parte iniziale, furono sostituite da gambe con estremità più corte e robuste e dotate di attacchi muscolari posizionati sempre più distanti lungo l'arto, così da generare leve più lente ma al tempo stesso più potenti. L'accorciamento del piede rispetto al resto della gamba, l'allungamento delle leve muscolari, ed una forma sostanzialmente più colonnare delle ossa, sono adattamenti plasmati dalla necessità di sostenere e muovere un peso considerevole. Questa rivoluzione nelle proporzioni delle zampe posteriori comportò quindi la scomparsa di un comportamento difensivo tipico di molti animali vegetariani: la fuga. I nuovi sauropodomorfi erano inevitabilmente più lenti dei loro potenziali predatori (in particolare, i primi neoteropodi che compaiono proprio durante il Triassico Superiore), e dovettero compensare questo difetto con nuovi adattamenti difensivi. Il primo, esso stesso la causa della loro ridotta agilità, fu proprio le maggiori dimensioni corporee. Con masse superiori a quelle di qualsiasi loro predatore, i grandi sauropodomorfi triassici erano, almeno nell'età adulta, avversari molto tenaci da affrontare. Abbiamo visto nel Primo Volume come il vantaggio dato dalle grandi dimensioni adulte sia stato il motore iniziale della Grande Corsa agli Armamenti del Giurassico tra prede e predatori: in questa primissima fase del Triassico, tuttavia, i sauropodomorfi paiono essere in una posizione di "monopolio" nell'ambito delle grandi dimensioni, con i neoteropodi che non hanno "ancora" imboccato la tendenza al gigantismo che vedremo solo dopo la fine del Triassico. Pertanto, è possibile che nel Triassico i sauropodomorfi abbiano potuto godere dei benefici delle grandi dimensioni prima dell'innesco della reazione evolutiva nei loro predatori.

La regola immorale della Corsa agli Armamenti nei dinosauri è che maggiori dimensioni corporee risultano vantaggiose solamente nell'età adulta, ed inoltre, esse non favoriscono i primissimi rappresentanti di questa tendenza, le cui dimensioni non erano ancora aumentate molto oltre quelle dei loro predatori. Per compensare la ridotta agilità, quindi, questi primi dinosauri di grande taglia non potevano limitarsi a godere dei benefici di un gigantismo ancora incipiente. Essi dovevano opporre una difesa attiva contro i propri predatori. I sauropodomorfi triassici difatti introducono per la prima volta nella storia dei dinosauri delle vere e proprie "armi di difesa", vagamente analoghe a quelle che, nello stesso momento, i teropodi stavano perfezionando adattandosi ad una dieta ipercarnivora. Il medesimo adattamento nelle mani che stava trasformando le braccia dei neoteropodi in tenaglie per afferrare e trattenere le prede (vedere il Primo Volume), nei sauropodomorfi fu sfruttato per realizzare una mano in grado di provocare ferite molto profonde. Il primo dito della mano di questi animali, esattamente come quello in molti teropodi, era più robusto degli altri ed armato di un ungueale (la falange terminale che porta l'artiglio) molto più grande e falciforme degli altri. Quale era la funzione di questa mano? Essa non mostra le proporzioni che nella mano dei teropodi favorivano la presa di oggetti (falangi terminali allungate e meccanismi per sollevare le dita sopra il piano del dorso della mano), ed è quindi improbabile che fosse usata per trattenere delle prede; al contrario, essa è molto più robusta, chiaramente specializzata per sostenere una maggiore pressione senza spezzarsi o dislocarsi: è questa una mano che può sia scavare che pugnalare, ma risulta meno utile per afferrare rispetto alla mano di altri dinosauri triassici. Dato che gli artigli non erano piatti e smussati bensì conformati come uncini robusti, è plausibile che la mano di questi sauropodomorfi non funzionasse unicamente per scavare e strappare materiale vegetale ma anche per produrre lacerazioni profonde, e che quindi fosse utile come arma difensiva da usare contro un eventuale assalitore.

Alcune modifiche nel cranio dei sauropodomorfi della seconda metà del Triassico Superiore suggeriscono adattamenti verso una dieta sempre più ricca di piante, se non completamente vegetariana. I denti di questi dinosauri sono più numerosi rispetto a quelli delle forme precedenti, e mostrano una maggiore uniformità nella dimensione, così come una forma vagamente "a cucchiaio" con il margine dentellato. Il risultato è una dentatura ancora più efficiente nel lavorare come un rastrello in grado di sfrondare i rami, strappare rapidamente le foglie e gli steli. Questa innovazione nel sistema masticatorio si accompagna ad una curiosa novità sulle ossa della bocca di questi dinosauri: ai lati della dentatura, sia nell'arcata superiore che inferiore, le ossa sono dotate di una "mensola" che si proietta verso l'esterno, delimitando uno spazio tra i denti e quella che, in vita, era la superficie esterna della bocca. Lo sviluppo di spazi liberi tra i denti e l'esterno della bocca in animali vegetariani è generalmente associato allo sviluppo di tessuti molli in grado di "racchiudere" quello spazio per permettere l'accumulo di cibo durante la masticazione, tessuti molli come le guance di molti mammiferi o le labbra rigide di certe lucertole. Pertanto, è plausibile che questi sauropodomorfi fossero dotati di strutture analoghe ai lati della bocca, anche se è ancora poco chiaro se fossero guance carnose come quelle dei mammiferi oppure più simili a labbra lacertiliane. In ogni caso, questi adattamenti indicano che la dieta vegetariana in questi dinosauri era sempre più fondamentale, e richiedeva strategie masticatorie avanzate, capaci di massimizzare l'acquisizione del cibo ed una digestione sempre più efficiente.

La presenza di possibili guance (analoghe a quelle dei mammiferi) in questi dinosauri vegetariani è apparentemente contraddittoria, se la combiniamo con il resto degli adattamenti alimentari dei sauropodomorfi. Per capire questo apparente paradosso, bisogna distinguere le due principali forme di dieta vegetariana nei vertebrati terrestri. Le due forme si identificano dall'organo deputato allo sminuzzamento del materiale vegetale e dal ruolo dato dai denti nel processo digestivo. La prima forma, quella alla quale forse siamo più abituati poiché tipica dei mammiferi vegetariani a noi familiari, ha nella bocca e nelle mandibole il principale organo per lo sminuzzamento del cibo: in questi animali, la muscolatura delle mandibole è molto sviluppata, l'articolazione della mandibola col cranio è relativamente mobile lungo tutti i piani dello spazio, ed i denti tendono ad essere di forme e funzioni differenti (con denti anteriori più "incisiviformi" che sminuzzano il cibo seguiti da denti posteriori "molariformi" che lo macinano). Questi animali dedicano molto tempo ed energie nelle masticazione, tendono ad avere teste voluminose e sviluppano guance in grado di accumulare il cibo mentre viene masticato. I mammiferi brucatori rientrano in questo modello, dai conigli agli elefanti. La seconda forma di dieta vegetariana invece ha concentrato nello stomaco sia la funzione di assimilazione che di trituramento del cibo, il quale viene strappato rapidamente ed ingoiato senza quasi alcuna azione di masticazione da parte della dentatura. Questi animali tendono ad avere stomaci muscolari, all'interno dei quali possono alloggiare ciottoli inghiottiti apposta per facilitare la triturazione del cibo, e di conseguenza non hanno la necessità di potenziare la muscolatura delle mandibole né di specializzare le diverse zone della dentatura. In questi animali, quindi, non si sviluppano vere e proprie guance, dato che il cibo non permane a lungo nella bocca e non viene processato durante la masticazione.

Tutti gli elementi a nostra disposizione indicano che i sauropodomorfi appartengono alla seconda categoria. In quanto arcosauri, essi probabilmente erano dotati di compartimenti dello stomaco rivestiti da potenti fasci muscolari simili a quelli degli uccelli e dei coccodrilli, in grado di sminuzzare il materiale vegetale anche senza l'ausilio della masticazione, eventualmente aiutati nello sminuzzamento da ciottoli inghiottiti e conservati nella camera muscolare dello stomaco. Inoltre, essi non mostrano particolari specializzazioni e "regionalizzazioni" nella dentatura né presentano modifiche nel cranio per l'alloggiamento di una muscolatura mandibolare specializzata per una masticazione più sofisticata rispetto ad altri dinosauri. Pertanto, la presenza in questi dinosauri di mensole laterali alle ossa della mandibola che parrebbero indicare lo sviluppo di guance (o strutture analoghe) appare "stonata" col resto della loro anatomia. Forse, la soluzione è nel considerare queste "guance" non come funzionali alla masticazione bensì solo come strategia per accumulare più materiale vegetale prima di ingoiarlo, un modo per aumentare la capienza della bocca durante l'ingestione del cibo, senza per questo essere un adattamento per aumentare l'efficienza o la durata della masticazione. Una conferma di questa interpretazione potrebbe essere data dal destino che avranno queste "mensole per le guance" quando compariranno i primi sauropodi (prossimi capitoli). Correlato con il destino delle "guance" nei sauropodomorfi, vedremo come l'opzione evolutiva che non comporta lo sviluppo di un complesso sistema masticatorio fu tra gli elementi che permisero ai sauropodi di imboccare la strada verso il gigantismo.

La strategia alimentare seguita dai sauropodomorfi non prevede una masticazione lunga e sofisticata. Il materiale vegetale viene ingoiato praticamente senza essere sminuzzato e quindi non ridotto in forma di bolo. Foglie e rami sono coriacei e poco nutrienti rispetto ad altri tipi di cibo, e se non sono stati opportunamente sminuzzati con la masticazione richiedono un lungo processo di digestione chimica per essere assimilati dall'intestino. Pertanto, improntare una ecologia vegetariana che assume grandi quantità di cibo vegetale poco processato richiede un grande laboratorio chimico finalizzato alla lenta fermentazione del materiale vegetale. Questo laboratorio è l'intestino stesso. Tanto più materiale ingerito, tento più grande l'animale che lo ingerisce: questa combinazione di elementi funziona solo disponendo di un intestino molto lungo. E siccome l'intestino alloggia nella parte posteriore della cavità toracica, di fronte al bacino, la strategia alimentare sauropodomorfa richiede l'espansione della zona toracica ed addominale. Allargare ed allungare la regione toraco-addominale in un animale bipede obbligato che è anche dotato di un collo relativamente lungo significa renderlo ancora più sbilanciato in avanti. Per quanto si possano sviluppare nuovi accorgimenti nella postura, o introdurre modifiche nella posizione e funzione dei muscoli deputati a mantenere l'animale eretto, ad un certo punto della storia dei grandi sauropodomorfi si innesca una tendenza irreversibile a sviluppare una forma di andatura quadrupede permanente, l'unica opzione che possa, contemporaneamente, permettere l'aumento delle dimensioni (conseguenza dell'aumento della capienza dell'intestino) senza sacrificare la locomozione eretta. Abbiamo visto nel Primo Volume che l'andatura bipede era comparsa negli antenati dei dinosauri per contrastare un apparente svantaggio legato alla loro postura eretta. Riassumendo, l'arto anteriore degli arcosauriformi non potrebbe essere usato come fonte della spinta locomotoria quando è orientato verticalmente (condizione, questa ultima, richiesta dalla postura eretta delle zampe posteriori), a causa di un vincolo a livello dell'articolazione del polso detto "semipronazione dell'avambraccio". Di conseguenza, i primi dinosauri "bypassarono" quel limite abbandonando l'andatura quadrupede e diventando bipedi.

I teropodi, incontrati nei primi due volumi, non abbandonarono più il bipedismo, anche perché essi, molto rapidamente, "riciclarono" le zampe anteriori come strumenti per la presa, legate alla loro dieta sempre più spinta verso la carnivorìa. Altri gruppi di dinosauri, invece, ad un certo punto delle loro storie evolutive si trovarono nella condizione di poter "ritornare" quadrupedi, in particolare quando, con l'aumento delle loro dimensioni, iniziarono a subire gli effetti indesiderati di un eccessivo carico di peso sulle sole zampe posteriori. Il bipedismo, difatti, pur fornendo molti vantaggi ai dinosauri, limita molto le potenzialità verso dimensioni sempre maggiori: gli inviolabili vincoli della biomeccanica, difatti, non permettono ad un paio di zampe di crescere indefinitamente di pari passo con l'aumento delle dimensioni. Ad un certo punto lungo la crescita dimensionale, specialmente se accompagnata all'allungamento dell'intestino, due sole zampe non sono in grado di reggere il peso corporeo: il fatto che tutti i teropodi giganti, indipendentemente dal gruppo di appartenenza, si aggirino intorno e non vadano molto oltre le 10 tonnellate, suggerisce che quello deve essere probabilmente il limite fisico per qualunque dinosauro bipede. Se alla massa in sé aggiungiamo lo sbilanciamento in avanti dato da colli allungati ed addomi ingranditi, è probabile che i sauropodomorfi abbiano iniziato a subire il "fascino" dell'andatura quadrupede anche prima di avvicinarsi alle fatidiche dieci tonnellate sperimentate dai teropodi più grandi.

I sauropodomorfi tardo-triassici furono i primi dinosauri (e non saranno gli ultimi) a trovarsi di fronte ad un "bivio evolutivo": restare bipedi (e limitandosi quindi a quei modelli anatomici che possono funzionare in modalità bipede), oppure "tornare" quadrupedi col rischio di essere limitati nelle loro prestazioni locomotorie da un braccio poco adatto a muoversi in postura eretta. Così presentata, l'alternativa pare poco promettente per l'opzione quadrupede. Fortunatamente per i sauropodomorfi, lo scheletro è un sistema più plastico e duttile delle nostre categorie anatomiche. Il fatto che l'articolazione del polso nei dinosauri non sia in grado di sviluppare la piena pronazione non significa che questa ultima non possa essere realizzata "aggirando" i limiti del polso. Ad esempio, se invece di portare la mano in condizione di pronare rispetto all'avambraccio noi torcessimo *tutto l'avambraccio* rispetto al gomito, mantenendo la mano nella medesima orientazione rispetto all'avambraccio (quindi, conservando la semi-pronazione del polso), noi di fatto otterremmo una mano che "apparentemente" è pronata pur restando semi-pronata. Questa bizzarra "torsione" delle ossa che formano l'avambraccio si osserva, in vario grado, nei grandi sauropodomorfi triassici, e costituisce la soluzione grazie alla quale, intorno a 210-200 milioni di anni fa, compaiono i primi sauropodomorfi quadrupedi, inclusi i precursori dei sauropodi. Anche in questo caso, quindi, il limite della semi-pronazione *della mano* che caratterizza tutti i dinosauri fu "bypassato" senza rimuoverlo, nello specifico tramite una torsione parziale dell'avambraccio rispetto alla parte alta della zampa.

Il passaggio dalla condizione bipede a quella quadrupede nei sauropodomorfi può essere tracciato confrontando la forma delle ossa dell'avambraccio, in particolare a livello del gomito. L'avambraccio di tutti i vertebrati terrestri consiste di due ossa, radio ed ulna, che a livello del gomito articolano con la parte terminale dell'omero. La forma della parte di ulna che partecipa in questa articolazione è differente nei dinosauri bipedi rispetto a quelli quadrupedi. In particolare, nei primi l'ulna forma una superficie vagamente ellittica, mentre nei quadrupedi la forma diventa triangolare ed acquisisce una ampia concavità, una sella contro la quale si inserisce stabilmente l'altro osso dell'avambraccio, il radio: è proprio l'alloggiamento del radio contro la concavità dell'ulna che "torce" l'avambraccio portando anche la mano ad essere orientata con una "falsa pronazione".

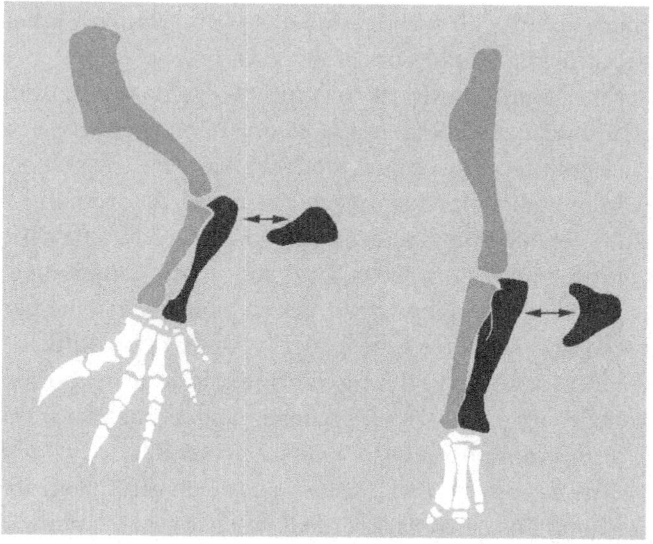

Confronto tra braccio di un sauropodomorfo bipede (*Plateosaurus*) e di uno quadrupede (*Camarasaurus*), con indicata la forma dell'ulna (grigio scuro) in sezione. Nel quadrupede, l'ulna presenta una sella in cui alloggia il radio, posizionandolo in "pseudo-pronazione".

Analizzando la forma delle ossa dell'avambraccio nei sauropodomorfi possiamo ricostruire le fasi progressive dell'evoluzione della postura (e poi dell'andatura) quadrupede. In alcuni grandi sauropodomorfi triassici, come *Plateosaurus*, la forma della faccetta dell'ulna è sì triangolare ma priva della concavità per il radio: probabilmente, essi potevano appoggiare le mani a terra in postura quadrupede, ma non potevano muovere le braccia in parallelo alle gambe durante l'andatura. *Plateosaurus* era quindi sostanzialmente bipede, come i primi dinosauri, poteva occasionalmente appoggiarsi sulle zampe anteriori, ma sicuramente non le utilizzava per muoversi. Nei sauropodi, perfettamente quadrupedi, invece, è presente una sella ben marcata a livello dell'ulna, in cui alloggiava il radio. Altri sauropodomorfi di grandi dimensioni, come *Melanorosaurus*, mostrano invece una condizione intermedia, una incipiente concavità nell'ulna, contro cui alloggiava il radio. Essi erano in grado di mantenere la mano "pseudo-pronata" rispetto al corpo, e quindi potevano muoverla assecondando il movimento delle zampe posteriori. In questo caso, quindi, la *postura* quadrupede era anche in grado di sostenere una *andatura* quadrupede. In *Melanorosaurus* e nelle forme simili della fine del Triassico e del primissimo Giurassico, la mano manteneva la forma vista negli altri sauropodomorfi, e continuava quindi ad essere usata per strappare materiale vegetale ed eventualmente come arma di difesa, ma grazie alla modifica a livello dell'avambraccio era anche in grado di svolgere una funzione locomotoria fino ad allora del tutto inedita nei dinosauri.

Alla fine del Triassico, con l'introduzione di una modalità locomotoria originale, una versione "dinosauriana" dell'andatura quadrupede, i grandi sauropodomorfi si trovarono di fronte un enorme ventaglio di potenzialità adattative. In pochi milioni di anni, comparvero animali lunghi fino ad una dozzina di metri, e pesanti una decina di tonnellate. I principali limiti biologici che in tutti gli animali inibiscono lo sviluppo di grandi dimensioni parevano essere stati superati. Non solo questi nuovi dinosauri risultarono favorevolmente adatti per il gigantismo, ma presto trassero da quella nuova condizione una serie inaspettata di vantaggi ed opportunità. La loro biologia risultò insolitamente "votata" per le massime dimensioni possibili per animali terrestri. Nessun animale prima di allora era stato in grado di sviluppare dimensioni così colossali, e nessun animale saprà sfruttarle pienamente quanto loro.

Capitolo quinto
Ponti sospesi sopra colonne

Un colonnato vivente sul quale è sospeso un ponte. Questa è, nella mia mente, *l'essenza* del sauropode. Purtroppo, il paleontologo non può ragionare per essenze, anche quando poetiche, ma deve attenersi a definizioni biologicamente quantificabili e, sopratutto, replicabili da chiunque. Il problema con le definizioni dei gruppi biologici è che nella maggioranza dei casi esse "funzionano" bene con i rappresentanti più recenti del gruppo ma falliscono nel chiarire lo status dei primi esponenti della linea evolutiva che stiamo tentando di definire. Non ci sono dubbi per alcuno che dinosauri famosi come *Brachiosaurus* e *Diplodocus* siano sauropodi. Ma come la mettiamo con quei sauropodomorfi della fine del Triassico che sospettiamo siano i primissimi esponenti della stirpe sauropodana? Come tutti i precursori, questi animali difatti mostrano alcune delle caratteristiche distintive del gruppo, ma non tutte (è proprio il non presentarle tutte che li rende dei precursori). Sono essi "quasi sauropodi", "proto-sauropodi" o semplicemente "i *primi* sauropodi"? La questione non è solamente una mera diatriba sull'uso del nome "sauropode", ma è legata al processo evolutivo che ha condotto a questi animali. Il passaggio alla condizione sauropode fu un processo cumulativo e graduale, oppure fu il risultato di una innovazione chiave che agì da "innesco" per la biologia di questi animali, scatenando l'evoluzione di tutte le altre? Inoltre, il modello sauropodiano fu il prodotto di una singola linea genealogica oppure coinvolse differenti ceppi sauropodomorfi, tutti "diretti" verso un medesimo adattamento generale?

Tra i vari tipi di sauropodomorfo di grandi dimensioni risalenti alla fine del Triassico e all'inizio del Giurassico, un gruppo, identificato solo di recente, ha i migliori requisiti per essere considerato il primissimo ramo dei sauropodi (o, in alternativa, esso è da classificare come il parente più prossimo dei sauropodi "veri e propri"): i lessemsauridi. Questi dinosauri sono noti unicamente da livelli sudamericani e dall'Africa meridionale (questa ultima è attualmente la regione più prolifica per la documentazione della storia dei sauropodomorfi a cavallo del passaggio dal Triassico al Giurassico). Le dimensioni di alcune specie dell'inizio del Giurassico sono notevoli, con lunghezze intorno alla dozzina di metri e masse adulte stimate in più di dieci tonnellate: nessun animale terrestre prima di loro aveva raggiunto una simile mole. Già questa tendenza a stabilire record massimi nelle dimensioni corporee rende i lessemsauridi meritevoli di appartenere al *club* dei sauropodi, animali che, vedremo, collezioneranno una serie impressionante di primati di taglia. Eppure, a differenza dei sauropodi successivi, questi primissimi giganti non mostrano le principali innovazioni anatomiche, in particolare a livello degli arti, che contraddistinguono i "veri sauropodi". Il braccio è allungato rispetto alla condizione tipica dei dinosauri bipedi, risultando quindi dentro le proporzioni tipiche dei dinosauri quadrupedi, ma al tempo stesso conserva l'impianto generale degli altri sauropodomorfi, in particolare di quelli capaci "ancora" di usare l'arto anteriore come strumento di offesa e difesa, e per afferrare oggetti con la mano. I sauropodi successivi, invece, abbandoneranno completamente l'uso del braccio come organo per la presa, e svilupperanno un vero e proprio arto colonnare, specializzato per sostenere efficacemente il carico della parte anteriore del corpo sia da fermo che in movimento. L'assenza di braccia "colonnari" nei lessemsauridi nonostante le loro masse notevoli non deve sorprendere. Anche la loro gamba (arto posteriore) non mostra le innovazioni anatomiche che nei successivi sauropodi sono il chiaro adattamento ad una condizione pienamente quadrupede e graviportale. Pertanto, i lessemsauridi, pur raggiungendo masse notevoli per un dinosauro di quel periodo, conservarono per tutta la loro storia la "classica" postura degli arti dei primi dinosauri, caratterizzata da una ampia capacità di flettere la gamba a livello del ginocchio e di estendere l'avambraccio a livello del gomito. I dinosauri a postura completamente colonnare, come i sauropodi "veri e propri", al contrario, ridurranno gli angoli di flessione ed estensione a livello di gomito e ginocchio, acquisendo quattro arti sostanzialmente verticali, molto efficienti nello scarico di grandi masse, al prezzo di una ridotta versatilità a livello delle articolazioni. Visti da questa prospettiva anatomica e funzionale, i lessemsauridi quindi non sono particolarmente "sauropodiani", e ricalcano piuttosto il modello di dinosauro quadrupede che si svilupperà, in seguito (e con enorme successo) tra gli ornitischi, modello che conserva a livello di articolazione del ginocchio le caratteristiche base di tutti gli altri dinosauri (bipedi). Anche i grandi ornitischi quadrupedi, difatti, non svilupperanno mai un impianto "colonnare" degli arti, e manterranno per tutta la loro storia la capacità di flettere ed estendere con ampi angoli gli arti sia al gomito che al ginocchio. Da questo punto di vista, è interessante constatare che anche il terzo gruppo di dinosauri giganti, i grandi tetanuri giurassici e cretacici (incontrati nel Primo e Secondo Volume), come gli allosauroidi ed i tirannosauridi, non svilupperanno mai arti posteriori colonnari, e conserveranno sempre una ampia capacità di flettere il ginocchio. Dato che solo i sauropodi saranno in grado di superare il limite delle 15-20 tonnellate di massa, è ragionevole supporre che questo ultimo traguardo fisico richieda innanzitutto l'evoluzione di arti perfettamente colonnari. Tutti i dinosauri giganti con arti non-colonnari (lessemsauridi, ornitischi ornitopodi e grandi teropodi) anche quando acquisiranno la postura quadrupede, non andranno mai oltre la dozzina di tonnellate di massa.

Oltre a mostrare uno stadio iniziale nell'evoluzione del modello anatomico dei sauropodi, i lessemsauridi ci aiutano a comprendere il come ed il perché un'altra linea di sauropodi, i gravisauri (nome che indica i "sauropodi veri e propri"), comparsi all'inizio del periodo dal medesimo ceppo dei lessemsauridi, persistettero ben oltre l'inizio del Giurassico, raggiungendo rapidamente un enorme successo durato 130 milioni di anni, fino alla fine del Mesozoico. Per apprezzare la dinamica di questa fase fondamentale nella storia dei dinosauri, il lettore è invitato a richiamare due concetti introdotti nei precedenti volumi: la Corsa agli Armamenti e il Picco Adattativo. Il primo concetto descrive la co-evoluzione di due gruppi biologici ciascuno dei quali sviluppa innovazioni in risposta alle innovazioni acquisite dall'altro gruppo. Il secondo concetto descrive la tendenza di una linea evolutiva a perfezionare i propri adattamenti sotto l'effetto della selezione naturale (adattamento rappresentato dal "picco adattativo"), e l'eventuale perdita di adattabilità (la discesa nella "valle male-adattativa") che può precedere l'inizio di un nuovo adattamento (la "scalata" di un nuovo picco).

Gli "attori" in gioco in questa transizione sono i sauropodomorfi della fine del Triassico. Il gruppo, intorno a 205-200 milioni di anni fa, è nel pieno della sua fase di espansione ecologica: accanto a specie bipedi di dimensioni piccole e medie, nelle quali il braccio è usato per afferrare oggetti e come organo di difesa, abbiamo forme quadrupedi come i lessensauridi nei quali l'arto anteriore ha in parte perso gli adattamenti delle forme bipedi ma ha acquisito una parte degli adattamenti utili ad una postura quadrupede colonnare. La mano dei lessemsauridi, pertanto, è un organo "ibrido": può ancora funzionare da arma, ma probabilmente in modo meno efficace rispetto a quella dei loro parenti bipedi; in compenso, essa è capace di svolgere un ruolo importante nello scarico del peso corporeo in postura quadrupede. Usando la metafora del picco adattativo, l'arto anteriore dei lessemsauridi stava scendendo dal picco del "braccio usato come arma" ed era in parte asceso verso il picco del "braccio colonnare in postura quadrupede". Non sorprende quindi che, alla fine del Triassico, siano proprio i lessemsauridi a inaugurare i primissimi dinosauri giganti, pesanti alcune tonnellate, poiché gli unici tra i sauropodomorfi del tempo a disporre di alcuni adattamenti chiave (sebbene non tutti) per raggiungere una mole gigantesca.

La fine del Triassico è definita da una delle maggiori estinzioni di massa conosciute. Sebbene numerosi gruppi di rettili siano vittime della crisi ambientale che chiude il periodo (forse legata agli effetti climatici di una breve fase di vulcanismo intenso che innesca l'apertura del primissimo tratto dell'Oceano Atlantico Settentrionale), i sauropodomorfi non paiono subire perdite particolari: i principali "modelli" del Triassico terminale persistono difatti all'inizio del Giurassico, inclusi i lessemsauridi che danno origine alle loro specie più grandi. L'estinzione triassica altera però il quadro dei potenziali predatori dei grandi sauropodomorfi. Non più i membri del ramo dei coccodrilli, come i grandi rauisuchidi quadrupedi, animali lunghi fino a 5 metri e di corporatura relativamente robusta, dotati di crani ben adatti alla dieta macrofagica ed ipercarnivora, bensì i neoteropodi, ovvero dei dinosauri come i sauropodomorfi, quindi dei rettili forniti dei loro medesimi modelli anatomici generali, in particolare a livello di fisiologia e locomozione. Se nel Triassico Superiore i neoteropodi avevano mantenuto una morfologia relativamente gracile e snella, con la scomparsa dei rauisuchidi ne prendono il posto nel ruolo di superpredatori, dando origine ai grandi e robusti averostri (vedere il Primo Volume), che si affiancano agli altri neoteropodi "gracili" ma specializzandosi proprio per quelle prede troppo grandi e robuste per questi ultimi. Questo evento, che è stato descritto nel dettaglio nel Primo Volume, innesca la Grande Corsa agli Armamenti dei dinosauri, poiché pone i sauropodomorfi di fronte ad un modello di predatore nei confronti dei quali non è più sufficiente, come era stato nel Triassico, disporre dell'efficiente modello locomotorio bipede dinosauriano, dato che anche i loro predatori principali, ora, sono strutturati allo stesso modo. Abbiamo visto che il primo effetto della corsa agli armamenti fu proprio la tendenza all'aumento delle dimensioni. Ma abbiamo anche visto, in questo volume, che raggiunta una certa massa (circa 10-15 tonnellate), il modello locomotorio dinosauriano "classico", con arti anteriori semi-pronati, non può essere spinto oltre quella mole.

Inoltre, abbiamo visto che il vantaggio della grande mole, nei vegetariani, sta solo nel poter sovrastare quella dei loro predatori di circa un ordine di grandezza. In questo caso, se il limite fisico delle prede è posto a 10-15 tonnellate, qualora i predatori superino la tonnellata, alle prede restano solo due opzioni: superare quel limite o introdurre nuove forme di difesa. I lessemsauridi, quindi, così come la maggioranza dei sauropodomorfi bipedi, si trovarono di fonte ad un punto di non-ritorno: la pressione predatoria dei grandi teropodi, per la prima volta oltre la tonnellata di massa, spingeva verso l'aumento delle dimensioni adulte come principale strategia difensiva, ma questo poteva essere realizzato solo perfezionando il più possibile il neonato modello locomotorio quadrupede, superando i limiti della semi-pronazione. I lessemsauridi, non più sul picco adattativo degli antichi sauropodomorfi bipedi e posizionati solo alla base del picco della postura quadrupede, si trovarono inadatti e scomparvero assieme alla grande maggioranza dei sauropodomorfi rimasti all'inizio del Giurassico. I soli sauropodomorfi a persistere furono quelli che seppero sfruttare appieno la postura quadrupede colonnare realizzando quel "super-gigantismo" imposto dalla Corsa agli Armamenti, superando il "tetto" delle 15 tonnellate (e rimettendo la palla al centro in attesa della contromossa dei predatori). Dalla fine del Giurassico Inferiore, 180 milioni di anni fa, tutti i sauropodomorfi esistenti saranno unicamente dei sauropodi "veri e propri" (i gravisauri), dotati di postura quadrupede obbligatoria basata su arti anteriori pienamente colonnari ("pseudo-pronati"), e tutti caratterizzati da dimensioni adulte gigantesche (ben oltre la dozzina di tonnellate).

La scomparsa della maggioranza dei sauropodomorfi ad eccezione dei gravisauri durante il Giurassico Inferiore non deve essere vista come una sorta di "sterminio" provocato in modo sistematico dai teropodi. Non ci sono motivi per ritenere che i dinosauri carnivori agissero in modo selettivo su queste prede, scartando i gravisauri e puntando sugli altri. Piuttosto, è ragionevole supporre che la pressione predatoria degli averostri, agente uniformemente su qualsivoglia sauropodomorfo, avesse un impatto differente sul successo a lungo termine dei diversi modelli locomotori manifestati nel gruppo. La ragione è energetica. A parità di peso corporeo, è plausibile che un gravisauro ed un lessemsauride spendessero una diversa quantità di energia muscolare nell'andatura quadrupede, con i gravisauri avvantaggiati dalla conformazione colonnare dei loro arti anteriori, che richiede un minore lavoro muscolare per poter essere mantenuta rispetto a forme più o meno specializzate di arto non-colonnare. Si tratta di un vantaggio simile a quello che spinse gli antichissimi antenati dei dinosauri verso la piena postura eretta degli arti posteriori, vantaggio che poteva essere marginale nelle specie di piccole dimensioni ma che aumentava progressivamente nelle specie giganti. Sebbene il braccio lessemsauride fosse in grado di mantenere una postura colonnare per *sorreggere* il peso, non era comunque in grado di fornire una *spinta locomotoria utile durante l'andatura,* poiché manteneva ancora parte della conformazione semi-pronata dei loro antenati (vedere il Primo Volume). Per poter generare una spinta locomotoria utile, l'arto anteriore doveva acquisire una qualche forma di piena pronazione della mano, anche tramite modi "eterodossi". Questo ultimo adattamento fu proprio il carattere chiave del braccio gravisauriano, capace sia di sostenere il peso sia di muoversi in modo coerente con l'arto posteriore, perfezionando la torsione dell'avambraccio così da realizzare la forma completa di "pseudo-pronazione" della mano. Qualora il lessemsauride avesse esercitato una qualche spinta locomotoria anche usando l'arto anteriore, questa sarebbe stata meno efficiente e "più dispersiva" rispetto alla spinta esercitata dal braccio gravisauriano. Ovvero, ribaltando la prospettiva, a parità di energia spesa dal braccio nella locomozione (per sostenere il peso ed eventualmente partecipare alla spinta), il sistema gravisauriano poteva generare una maggiore prestazione rispetto a quello lessemsauride: ovvero, nell'andatura quadrupede, il braccio gravisauriano otteneva le medesima prestazioni di un braccio lessemsauride, ma risparmiando energia.

In generale, tutte le energie che possono essere risparmiate in una funzione vitale tenderanno ad essere "incanalate" dalla selezione naturale per aumentare l'investimento riproduttivo. Pertanto, è ragionevole supporre che la pressione predatoria dei grandi teropodi sui grandi sauropodomorfi finì col favorire quei modelli, come quello gravisauriano, in cui la postura quadrupede (condizione necessaria per il gigantismo, a sua volta favorito dalla Corsa agli Armamenti) poteva essere mantenuta con un minore lavoro muscolare rispetto ai modelli concorrenti. Un simile risparmio energetico poteva essere investito producendo un surplus di prole rispetto agli altri sauropodomorfi, i quali finirono con trovarsi da un lato pressati dalla predazione averostra e dall'altro dalla competizione con i più prolifici gravisauri. Inoltre, come discusso nel Primo Volume, il surplus di prole dei gravisauri intensificava la competizione tra i giovani dentro le loro specie, favorendo gli individui che crescevano più rapidamente e che raggiungevano dimensioni maggiori (competizione interna alla specie che è il combustibile della Corsa agli Armamenti). E senza più il "muro della dozzina di tonnellate" che incombeva sulle loro anatomie, non ci furono vincoli alla realizzazione e proliferazione di sauropodi sempre più grandi.

La biologia di questi nuovi giganti fu quindi selezionata per permettere e migliorare le prestazioni ad una scala dimensionale prima di allora impossibile da raggiungere. I sauropodi in questo si trovarono con la combinazione di caratteristiche migliore possibile, sfruttando alcuni vantaggi del modello anatomico dinosauriano assieme ad alcune peculiarità dei primi sauropodomorfi. Le riassumo nuovamente, proprio per mostrare come esse si siano integrate sinergicamente solo nel modello anatomico dei sauropodi. Difatti, tra tutti i gruppi zoologici che hanno raggiunto grandi dimensioni corporee, solamente i sauropodi combinarono assieme un così grande numero di "ingredienti chiave" per realizzare il gigantismo.

Un animale di enormi dimensioni richiede una considerevole quantità di energia, per crescere fino a quella mole e per mantenere in pieno funzionamento un corpo pesante decine di tonnellate. L'unica fonte alimentare sufficientemente abbondante e relativamente "facile" da reperire (così che il suo approvvigionamento non comporti un eccessivo lavoro muscolare) sulle terre emerse è di origine vegetale. Non sorprende quindi che l'evoluzione del "super-gigantismo" sia più probabile in gruppi zoologici vegetariani (solo una volta che si consolida una sufficiente fauna di giganti vegetariani è possibile avere una corrispondente fauna di – seppur meno giganteschi – animali carnivori che trae sostentamento dai giganti vegetariani). Sebbene più facile da reperire rispetto alla fonte animale, il cibo vegetale richiede comunque un lavoro muscolare per essere raccolto e immagazzinato, e un ampio volume intestinale per poter essere digerito ed assimilato. Difatti, pur più abbondante, il cibo vegetale è una fonte di energia meno ricca del cibo animale, e quindi deve essere assunto in dosi proporzionalmente molto maggiori. Delle due strategie per processare il cibo vegetale – complessa masticazione a livello della bocca o lunga fermentazione del materiale nell'intestino – i sauropodi hanno seguito la seconda. Questo ha comportato un ampliamento della regione toracica ed addominale ma non ha richiesto lo sviluppo di un complesso apparato masticatorio a livello della testa. Quella che, dalla nostra prospettiva di mammiferi efficienti masticatori, può apparire una soluzione "inferiore" è invece una delle chiavi del successo dei sauropodi giganti. Difatti, la masticazione efficiente richiede un cranio ampio per alloggiare grandi muscoli masticatori e mandibole robuste per ospitare ampie batterie di denti trituratori. Ovvero, la soluzione masticatoria comporta lo sviluppo di un cranio grande, voluminoso e pesante. Questo cranio pesante a sua volta può essere mosso solo da un collo relativamente corto e robusto, e ciò implica un sistema testa-collo corto, pesante e dispendioso, che deve essere continuamente spostato per raccogliere sempre nuovo materiale vegetale. Nella prospettiva (a posteriori) di evolvere un animale gigantesco, la strategia "masticatoria" è quindi meno vantaggiosa di quella "non-masticatoria", poiché richiederebbe un grande dispendio di energia solamente per muovere l'animale mentre bruca, per muovere il collo e per muovere le mascelle. Inoltre, esiste un limite fisico oltre il quale un masticatore non può andare: tanto più grande è la quantità di cibo di cui ha bisogno, tante più ore giornaliere esso deve dedicare alla masticazione. I più grandi vegetariani masticatori viventi, gli elefanti, dedicano buona parte della giornata a foraggiare e masticare: è plausibile che un ipotetico elefante di dimensioni "sauropodiane" debba dedicare alla masticazione una quantità di tempo giornaliero impossibile da sostenere.

Pertanto, l'opzione "non-masticatoria" adottata dai sauropodi è proprio quella ideale per un vegetariano "super gigante". L'animale è dotato di una testa leggera, le cui mandibole si limitando a strappare le fronde ed ingoiarle senza perdere tempo nel processarle (tutto il lavoro sarà svolto dallo stomaco muscolare e dall'intestino), testa che è mossa agevolmente da un collo lungo e muscoloso. Muovere solo il collo richiede meno energia del dover spostare l'intero corpo. Disporre di un sistema testa-collo di questo tipo permette all'animale di raggiungere una ampia area di foraggiamento senza praticamente muovere il corpo: è solo la testa che, mossa dal collo, esplora e foraggia intorno. L'animale quindi risparmia una grande quantità di energia, muovendo l'intero corpo solo dopo che la testa ha esplorato la propria zona di foraggiamento (che copre un diametro di una decina di metri nelle specie più grandi). Inoltre, non dovendo masticare, l'animale può accumulare rapidamente nello stomaco molto più materiale vegetale di quello che, nel medesimo tempo, viene masticato da un "brucatore". Tutta questa energia risparmiata nella locomozione è quindi re-investita per realizzare un corpo di dimensioni insostenibili dalle strategie alimentari "masticatorie" che richiedono teste voluminose, batterie di denti e colli corti. Non stupisce quindi che i grandi dinosauri ornitischi brucatori (come ceratopsidi e iguanodontiani), dotati di crani voluminosi e batterie dentarie, non abbiano mai superato la dozzina di tonnellate di massa; un destino simile a quello seguito in seguito dai più grandi mammiferi vegetariani nel Cenozoico, anche essi brucatori dotati di crani voluminosi e batterie dentarie.

Altro fattore chiave per l'evoluzione (ed il mantenimento con successo per tempi geologici) del gigantismo è l'acquisizione della postura eretta e colonnare di tutti e quattro gli arti. Il fenomeno è quindi divisibile a sua volta in tre fattori: l'acquisizione della postura eretta, la condizione quadrupede, e l'impianto colonnare degli arti. Non tutti questi tre fattori sono unici dei sauropodi all'interno dei dinosauri. Tutti i dinosauri sono difatti dotati di postura eretta degli arti posteriori e, nei casi di animali quadrupedi, questa è associata ad una postura "pseudo-eretta" e semi-pronata degli arti anteriori, ovvero, una conformazione degli arti anteriori che collabora nello scarico efficiente del peso ma che non partecipa in modo sostanziale alla generazione della spinta locomototoria. I sauropodi aggiungono a questa struttura generale dei dinosauri (che evidentemente funzionava benissimo per le dimensioni "standard" del gruppo, ovvero da qualche chilogrammo a qualche tonnellata) due innovazioni: la "torsione" dell'avambraccio che permetteva alla mano di partecipare alla spinta della locomozione e, sopratutto, un impianto colonnare degli arti, con zampe poco o per niente piegate a livello di gomiti e ginocchia. L'assenza di impianto colonnare nelle zampe degli altri grandi dinosauri quadrupedi (ornitischi) implica che i differenti tipi di dinosauro avessero andature e modelli di locomozione differenti, non omologabili del tutto ad alcun equivalente attuale. Questo ultimo è un concetto che occorre rimarcare, specialmente nella nostra epoca di "dinosauri digitali" così spesso proposti nei documentari (o nei cinema): usare alcuni grandi animali di oggi, in particolare i grandi mammiferi terrestri, come analogo biomeccanico per ricostruire l'andatura dei grandi dinosauri quadrupedi è sicuramente fuorviante. Sebbene ambo i gruppi abbiano evoluto una forma di andatura quadrupede eretta ed in entrambi siano comparsi animali con arti colonnari, mammiferi e dinosauri realizzarono ciò secondo modalità differenti, che coinvolsero differenti distretti muscolari e differenti tipi di articolazioni. Ad esempio, i dinosauri quadrupedi erano spinti unicamente dal sistema caudofemorale, ovvero, il grande fascio muscolare che connette la coda al femore (fascio che è assente nei mammiferi), mentre nei mammiferi è sempre significativa una componente pettorale e brachiale (dell'arto anteriore) nella locomozione.

Inoltre, ad eccezione dei sauropodi, tutti i dinosauri quadrupedi mantennero l'antico braccio arcosauriforme con postura semi-pronata, e non realizzarono una versione pienamente pronata della mano che osserviamo nei mammiferi a postura eretta. Di conseguenza, quando camminavano, i dinosauri quadrupedi non muovevano le zampe come se fossero stati una versione rettiliana di un elefante o una giraffa.

La differenza tra il modello di gigantismo dei dinosauri e quello dei mammiferi si manifesta (ed esprime) anche in elementi a prima vista marginali, ma che invece hanno inciso in modo fondamentale sul successo dei due differenti modi di realizzare animali di enormi dimensioni. Sia i sauropodi che i mammiferi più grandi (in particolare, i proboscidati come gli elefanti) hanno realizzato un impianto colonnare di tutti e quattro gli arti. Questo impianto garantisce la più efficiente trasmissione della forza peso lungo le varie articolazioni che formano le zampe. Queste articolazioni erano quindi punti di snodo sottoposti ad enormi tensioni meccaniche, poiché non dovevano solamente trasmettere la forza peso ma anche garantire una adeguata mobilità agli arti durante la locomozione. Per sopportare simili lavori meccanici, le articolazioni ossee tendono ad essere rivestite da una capsula di tessuto connettivo e cartilagineo, che agisce da ammortizzatore delle sollecitazioni meccaniche e impedisce l'usura delle superficie articolari. Nei mammiferi viventi, noi possiamo osservare come le capsule cartilaginee si modifichino al variare delle dimensioni corporee dell'animale. Difatti, per migliorare l'efficienza meccanica delle articolazioni, necessaria per scaricare un peso sempre maggiore, nei grandi mammiferi è andato via via perfezionandosi il grado di *corrispondenza* tra le faccette articolari delle *ossa coinvolte* nell'articolazione (ad esempio, il femore, la tibia e fibula a livello del ginocchio): al fine di migliorare la *corrispondenza* tra le articolazioni ossee, lo spessore della cartilagine che separa fisicamente le ossa deve necessariamente *assottigliarsi*. Una riduzione dello spessore delle capsule cartilaginee implica però una minore efficienza nella gestione dello *stress* meccanico. Pertanto, nei mammiferi abbiamo due tendenze fisiche contrastanti: all'aumentare delle dimensioni degli arti si riduce la capacità delle capsule cartilaginee di resistere allo stress meccanico, stress che aumenta proprio con la crescita delle dimensioni. Di conseguenza, esiste un limite insuperabile per le dimensioni corporee oltre il quale un mammifero terrestre non può andare oltre, quello in cui lo spessore delle capsule cartilaginee si annullerebbe, condizione limite in cui sarebbe impossibile l'ammortizzamento delle frizioni meccaniche tra le ossa.

L'analisi delle ossa dei dinosauri mostra che le loro capsule cartilaginee non seguivano la tendenza appena descritta per i mammiferi. Sebbene la cartilagine tenda a non fossilizzare, la traccia delle capsule cartilaginee è identificabile sulle ossa fossili da una peculiare *texture* a livello delle articolazioni, di forma spugnosa e corrugata. L'analisi delle ossa dei dinosauri, in particolare i sauropodi, mostra che mano a mano che questi aumentavano di dimensione, la complessità delle articolazioni non aumentava (come invece avviene nei mammiferi per migliorare la corrispondenza tra le ossa) bensì cresceva progressivamente lo spessore della zona in cui si inseriva la capsula cartilaginea. Ovvero, invece di aumentare la corrispondenza tra le ossa coinvolte nell'articolazione (come avvenuto nei mammiferi), i dinosauri giganti aumentarono l'ampiezza delle capsule cartilaginee deputate a sopportare lo *stress* meccanico. Dato che nei dinosauri non aumentava la corrispondenza tra le ossa (ma solo l'ampiezza del contatto tra le ossa stesse), non era necessario ridurre lo spessore della cartilagine: ecco quindi che gli arti dei dinosauri giganti non furono sottoposti al "vincolo limite" contro cui, inevitabilmente, è destinato a bloccarsi qualsiasi tentativo di gigantismo dei mammiferi. Pertanto, anche se sia i mammiferi che i sauropodi realizzarono arti colonnari, solamente i sauropodi, non soggetti al "vincolo cartilagineo" che caratterizzava la soluzione mammaliana, furono in grado di realizzare arti colonnari giganteschi.

Solo di recente, i paleontologi hanno colto il significato biologico di questa notevole differenza tra arti dinosauriani e mammaliani. Per molto tempo, essa fu percepita persino come un difetto dei dinosauri. Almeno fino agli anni '70 del XX Secolo, l'assenza di complesse articolazioni nelle ossa degli arti dei sauropodi (che invece osserviamo nei grandi mammiferi), assieme alla presenza di enormi capsule cartilaginee in corrispondenza di tali articolazioni, furono interpretate come una condizione "arcaica" dei grandi dinosauri rispetto ai grandi mammiferi, questi ultimi dotati di ben più elaborate geometrie a livello delle giunzioni tra gli arti, e quindi ritenuti molto più efficienti nella locomozione e nello scarico della forza peso. Lo stereotipo "sciovinista" che pone i mammiferi alla sommità della "scala evolutiva" e la persistenza più o meno consapevole dalle teorie evoluzionistiche antidarwiniane in voga tra i paleontologi tra la fine del XIX e l'inizio del XX Secolo, teorie che dipingevano i dinosauri come "vicolo cieco nella storia dei rettili"(vedere il Secondo Volume), contribuirono ad alimentare l'idea che le ossa degli arti dei sauropodi non fossero adatte per sostenere il loro peso contro la forza di gravità. Per giunta, le grandi capsule cartilaginee che si deducevano dalla *texture* nelle estremità delle ossa degli arti furono erroneamente interpretate come una "semplificazione" del tessuto osseo legata al ritorno alla vita acquatica. Questo errore fu tra i fondamenti dell'immagine dei sauropodi, rimasta popolare per oltre un secolo, che li ha dipinti come giganti semi-acquatici poco adatti alla vita all'asciutto.

Non ho dubbi che se potessimo crescere uno zoologo mantenendolo fin dall'infanzia totalmente ignaro dell'esistenza dei dinosauri (lo ammetto, sarebbe un crimine verso quel bambino), e lo educassimo unicamente secondo i principi base dell'anatomia e della ecomorfologia, per poi portarlo, da adulto, di fronte allo scheletro di un sauropode, questo zoologo non avrebbe alcun dubbio nel proclamare quell'animale una creatura terrestre, conformata per vivere e spostarsi sulla terraferma, priva di qualche particolare adattamento acquatico. Eppure, ciò che oggi ci appare più che ovvio ha richiesto il rovesciamento di un paradigma nato e consolidato alla fine dell'Ottocento.

Intorno agli anni '70 del XX Secolo, nell'ambito del "Rinascimento" dei dinosauri (vedere i primi due volumi), furono dimostrati la natura pienamente terrestre e gli adattamenti alla vita in contesti anche poveri di acqua dei sauropodi e furono demoliti alcuni stereotipi intorno a cui era stato dipinto il concetto del sauropode acquatico. La dimostrazione diretta di una piena capacità terricola nei sauropodi è data dalle loro piste fossili, che mostrano una andatura eretta e parasagittale (le orme degli arti non sono mai proiettate di lato né divaricate rispetto al corpo, ma tendono ad essere tenute costantemente prossime e parallele alla direzione del moto) impressa su distese fangose *esposte all'aria*. Se gli animali avessero camminato sul fondale di un lago con tale postura, non solo avrebbero finito col restare profondamente impantanati nel fango ma, sopratutto, difficilmente avrebbero potuto conservare le proprie impronte in un tale substrato perennemente saturo d'acqua e soggetto alla corrente. Innumerevoli piste di sauropode sono associate a impronte di animali ben più piccoli e leggeri, indubbiamente terricoli (come i teropodi e gli ornitischi) che difficilmente potrebbero camminare sul fondale di uno specchio d'acqua a quattro-cinque metri di profondità. Inoltre, il contesto sedimentologico e le condizioni che hanno permesso a quelle impronte di fossilizzare sono interpretabili unicamente come distese fangose, a ridosso di specchi d'acqua ma pur sempre *esposte all'aria*.

Anche senza la prova diretta data dalle piste fossili, è l'anatomia stessa dei sauropodi ad implicare una natura prettamente terrestre. Gli animali semi-acquatici, come coccodrilli ed ippopotami, hanno arti relativamente corti e tozzi, non presentano una postura colonnare degli arti, e mostrano mani e piedi adatti a divaricare le dita contro un substrato incoerente e soffice. Le loro gabbie toraciche sono "a barile", ampie e allungare, e le ossa sono molto pesanti e compatte. I sauropodi, al contrario, hanno arti relativamente lunghi ed affusolati, articolati secondo una postura colonnare, e mostrano mani e piedi compatti specializzati a scaricare il peso verticalmente contro un substrato rigido: in particolare, le mani dei sauropodi sono poco adatte a camminare su distese di fango di un certo spessore, dato che penetrerebbero in profondità come pali infissi nel cemento. Inoltre, le gabbie toraciche dei sauropodi non sono "a barile" allargato di lato, ma sono relativamente strette e profonde (sono espanse in verticale più che di lato), risultando quindi poco stabili se immerse in acqua, soggette alla corrente. Infine, le ossa della colonna vertebrale dei sauropodi sono caratterizzate da una estrema pneumatizzazione, simile a quella degli uccelli, in radicale contrasto con l'ossatura compatta dei grandi animali acquatici. Ipotizzare uno stile di vita acquatico per animali con questa combinazione di caratteristiche è quindi molto poco sensato. Ciò non esclude che i sauropodi, come la maggioranza degli animali terrestri, fossero in grado di nuotare o di entrare in acqua qualora ne avessero avuto la possibilità, ma dimostra in modo irrefutabile che la loro anatomia non fu plasmata per vivere in acqua e certamente non fu vincolata ad una vita dentro gli specchi d'acqua. Anche l'analisi dei sedimenti associati ai fossili di sauropode conferma questa interpretazione. Difatti, sebbene un secolo di iconografia ci abbia abituato all'immagine del grande brontosauro immerso nelle acque di un lago o di uno stagno, la maggioranza dei fossili di sauropode proviene da formazioni geologiche che sono interpretate come depositi accumulati in ambienti asciutti, non paludosi né lacustri, ma spesso piuttosto aridi quando non proprio desertici, solcati sì da fiumi ma privi di quegli specchi di acqua relativamente ferma e stabile in cui i sauropodi sono sovente illustrati "a mollo". Ad esempio, sauropodi iconici come *Brontosaurus* e *Brachiosaurus* non sono associati ad ambienti umidi ed acquitrinosi, bensì a savane di conifere che per metà dell'anno erano soggette a condizioni molto asciutte, che comprendevano stagioni aride durante le quali la disponibilità di acqua calava drammaticamente.

Il gigantismo presuppone una crescita corporea notevole, la quale è vantaggiosa se non richiede secoli per essere realizzata. In passato, si riteneva che i sauropodi avessero un tasso di crescita simile a quello dei grandi rettili attuali, i quali raggiungono le dimensioni massime dopo molti decenni. Estrapolando un tasso di crescita da testuggine terrestre o da alligatore per un sauropode, si riteneva che questi dinosauri fossero straordinariamente longevi, dato che solo in qualche secolo avrebbero potuto raggiungere le loro enormi dimensioni. L'avvento della paleo-istologia delle ossa ha permesso di quantificare la durata della vita dei dinosauri e di calcolare la velocità con cui crescevano dall'analisi delle sezioni ossee. Ciò ha sfatato l'idea di un modello di crescita "da tartaruga" ed ha dimostrato che i sauropodi crescevano con un tasso di sviluppo simile a quello dei grandi mammiferi odierni (quindi più lento di quello degli uccelli attuali ma circa dieci volte più rapido di quello di una tartaruga): in tal modo, essi potevano raggiungere le dimensioni adulte in un paio di decenni (contro il paio di secoli ipotizzato precedentemente). Aver accelerato il tasso di crescita dei sauropodi non è un dato solamente aneddotico, dato che il successo di una strategia di crescita dipende anche dalla rapidità con cui viene realizzata. Difatti, se riconosciamo che la Corsa agli Armamenti è il processo biologico che spinge verso il gigantismo sia nei dinosauri predatori che nelle prede (come descritto nel Primo Volume), dobbiamo ammettere una pressione selettiva a vantaggio degli individui che crescono più rapidamente dei loro simili. Se i sauropodi avessero avuto un tasso di crescita lento senza subire alcuna spinta ad accelerarlo, non ci sarebbe stato alcun vantaggio nei giovani ad essere selezionati verso dimensioni sempre maggiori. Immaginiamo una ipotetica popolazione di sauropodi a crescita lenta, che raggiunge la maturità sessuale solo dopo un secolo dalla nascita. I giovani di questa specie dovrebbero adattarsi in qualche modo a sopravvivere per almeno un secolo della loro vita con "dimensioni normali" prima di godere dei vantaggi delle grandi dimensioni: in quella situazione, è improbabile che la selezione naturale conferisca un qualche vantaggio alle dimensioni giganti. Un adattamento che può essere goduto solo dopo un secolo di crescita non è un vantaggio particolarmente efficace (e nessuna generazione di una popolazione può permettersi il lusso di non riprodursi per un secolo senza rischiare di essere soppiantata da qualsiasi altra popolazione più veloce nel generare prole) e sarebbe molto difficile da giustificare in un'ottima darwiniana che premia chi acquisisce la taglia adulta più rapidamente. Pertanto, i sauropodi non avrebbero mai potuto realizzare il loro gigantismo (sotto il regime della Corsa agli Armamenti) se non avessero avuto, "di *default*", quel tasso di crescita rapido che caratterizza fin dalla loro origine tutti i dinosauri rispetto agli altri rettili.

Un tasso di crescita elevato richiede un metabolismo in grado di mantenere "attiva" la fucina energetica che costruisce un corpo gigantesco in pochi decenni. L'efficienza del metabolismo è consentita da un altrettanto efficiente sistema respiratorio, capace di captare ossigeno in modo continuo e sostenuto. Sebbene le parti molli del sistema respiratorio non abbiano quasi alcuna possibilità di fossilizzare, noi possiamo dedurre alcuni elementi di quell'apparato dalle tracce che esso lascia sulle ossa. In particolare, già dal Primo Volume abbiamo visto che i dinosauri (ed in generale, la maggioranza degli arcosauriformi) mostrano nel cranio e nelle ossa della colonna vertebrale gli effetti dell'interazione del tessuto osseo con le espansioni del sistema di ventilazione polmonare (i sacchi aerei). Tanto più complessa ed elaborata è la geometria delle tracce lasciate dai sacchi aerei sulle ossa, tanto più complesso deve essere stato il sistema dei sacchi aerei. Questi diverticoli respiratori sono presenti oggi negli uccelli, ed il modo con cui essi si sviluppano durante lo sviluppo individuale di ogni singolo uccello "ripercorre" la traiettoria evolutiva percorsa dai sacchi aerei durante la storia evolutiva degli antenati degli uccelli. Il lettore ricorderà l'enfasi con cui nel Primo Volume ho sottolineato le somiglianze tra il processo di espansione dei sacchi aerei dal pulcino all'uccello adulto con il processo omologo che ricostruiamo lungo la storia dello scheletro dei dinosauri teropodi: in ambo i casi, il primo stadio della sequenza di espansione dei sacchi aerei dentro le ossa della colonna vertebrale coinvolge parte delle vertebre del collo (nei primi neoteropodi triassici), per poi espandersi a livello della zona pettorale del torace e della parte anteriore del collo (nei primi averostri), passando poi alla parte posteriore del torace (in molti tetanuri e ceratosauri), al bacino ed infine alla base della coda (in alcuni tetanuri, come i carcarodontosauri, gli oviraptorosauri ed appunto gli uccelli). Il medesimo processo si osserva lungo la storia dei sauropodi (prossimi capitoli).

Nei precedenti capitoli ho menzionato l'utilità del sistema di ventilazione "aviano", fondato sull'attività dei sacchi aerei, per permettere l'allungamento del collo senza aumentare pericolosamente lo "spazio morto" respiratorio: senza l'innovazione respiratoria dei dinosauri (il polmone "aviano" ed i sacchi aerei), è improbabile che i sauropodi potessero sviluppare i loro lunghissimi colli, così utili per foraggiare grandi quantità di cibo vegetale con il minimo sforzo.

Oltre che partecipare allo sviluppo del sistema di ventilazione del polmone, i sacchi aerei che producono le fosse e le escavazioni delle ossa nei sauropodi hanno l'effetto di ridurre il peso stesso delle ossa. Ciò, in animali giganteschi pesanti dozzine di tonnellate, è sicuramente un vantaggio meccanico che riduce il carico (e il lavoro) muscolare, un vantaggio che favorisce ulteriormente l'evoluzione del gigantismo, dato che, a parità di dimensioni, lo scheletro pneumatizzato di un sauropode è meno pesante di quello di altri vertebrati (si stima che l'alleggerimento sia di circa il 15%-20%). La rimozione di tessuto osseo dalla superficie laterale e dalla cavità interna delle vertebre, tessuto rimpiazzato con i ben più leggeri sacchi aerei, potrebbe compromettere la resistenza delle ossa stesse, e quindi risultare svantaggioso per animali giganteschi. Studi biomeccanici e l'analisi del modo con cui i sacchi aerei rimpiazzano il tessuto osseo mostrano invece che le ossa di questi giganti non erano minimamente indebolite dalle cavitazioni pneumatiche. La modalità con cui, durante l'evoluzione dei sauropodi, i sacchi aerei hanno invaso le ossa segue una raffinata logica ingegneristica, chiaramente plasmata dalla selezione naturale favorendo quelle modalità che alleggerivano l'osso senza comprometterne le doti meccaniche. Il risultato furono ossa scavate da volte, camere e cavità ramificate secondo complesse geometrie architettoniche che ricordano le impalcature delle cattedrali gotiche medievali o i contrafforti dei ponti e delle torri di metallo contemporanee. In molti casi, difatti, la parte di osso "risparmiata" dall'espansione dei sacchi aerei corrisponde proprio alla direzione di tensione dei muscoli e dei tendini connessi alle vertebre in questione.

Infine, un elemento della biologia generale dei dinosauri, ereditato dagli altri rettili, ha favorito il gigantismo nei sauropodi rispetto ad altri grandi vertebrati (in particolare, i grandi mammiferi comparsi dopo l'estinzione dei sauropodi stessi): la loro modalità di riproduzione. Il tema è già stato discusso nel Primo Volume, a proposito dei fattori che hanno permesso la Corsa agli Armamenti, e sarà quindi ritrattato qui solo in sintesi. Nei mammiferi esiste una "legge generale" che riduce il numero di figli per ciclo riproduttivo mano a mano che le specie in questione aumentano di dimensione. Tutti i grandi mammiferi si riproducono secondo una modalità vivipara, ovvero, tramite gestazione interna che porta la femmina a trattenere le uova fecondate nel proprio corpo, all'interno del quale avviene la grande maggioranza dello sviluppo degli embrioni e dei feti. Questa modalità di riproduzione è tanto più lunga (nel tempo) e dispendiosa (energeticamente) quanto più grande è la dimensione corporea tipica della specie. Inoltre, all'aumentare delle dimensioni corporee, diminuisce il numero di figli che possono essere prodotti simultaneamente durante la medesima gestazione. Il risultato di questi vincoli riproduttivi è che i mammiferi di grandi dimensioni producono molto meno figli rispetto alle specie di dimensioni minori. Dato che la quantità di figli prodotti per gestazione è uno dei fattori che incidono sulla prolificità e "resilienza" di una popolazione in tempo di crisi (crisi biologiche o ambientali, anche solo locali, che periodicamente investono una popolazione naturale), risulta che i grandi mammiferi hanno popolazioni più vulnerabili e suscettibili di estinguersi in momenti di crisi rispetto alle specie di minore mole. Se una popolazione di conigli subisce una decimazione della propria prole durante una carestia, ma nel frattempo ha prodotto dieci volte il numero di figli morti, essa non risulta particolarmente vulnerabile durante tale carestia. Una popolazione di elefanti, nella quale ogni femmina produce un solo piccolo per decennio, è chiaramente più vulnerabile qualora sia colpita da una carestia di proporzioni analoghe a quella che ha colpito i conigli.

Nei dinosauri, questo effetto di scala deleterio, che colpisce gli animali di maggiori dimensioni, non si verifica, dato che i tassi di riproduzione dei dinosauri non sono vincolati dalle dimensioni corporee delle specie. Le nidiate fossili di sauropode mostrano un numero di uova comparabile – a volte anche superiore – a quello delle specie di dimensioni inferiori. Ciò avviene perché i dinosauri, che sono ovipari, si riproducono per mezzo di uova dotate di guscio, uova la cui dimensione non può crescere indefinitamente al pari delle dimensioni del genitore. Se una specie di dinosauro aumenta di dimensione, in proporzione alle specie di dimensioni minori avrà uova più piccole, dato che la capacità delle uova di aumentare fisicamente le proprie dimensioni senza rischiare di collassare sotto il proprio peso non può andare oltre un certo limite. Per compensare questo vincolo fisico (che è opposto a quello che colpisce le dimensioni della prole nei mammiferi), i grandi rettili tenderanno quindi a produrre un maggior numero di uova rispetto ai loro parenti di dimensioni inferiori. Pertanto, confrontati coi grandi mammiferi, i sauropodi non erano "svantaggiati" sul piano riproduttivo rispetto alle specie di dinosauro di dimensioni inferiori, e potevano disporre di "riserve" di figli molto numerose in grado di compensare l'elevata mortalità infantile che è tipica dei momenti di crisi ambientale.

Concludendo, tra tutti i vertebrati terrestri noti, i sauropodi furono quelli meglio "progettati" per il gigantismo: erano vegetariani (a differenza dei teropodi) quindi disponevano di una fonte di cibo molto abbondante e "facile" da reperire; erano dotati di postura eretta (a differenza della maggioranza dei rettili) e pienamente colonnare (a differenza degli altri dinosauri) idonea per sostenere e scaricare un enorme peso corporeo; erano quadrupedi (a differenza della maggioranza degli altri dinosauri) quindi capaci di sorreggere masse molto maggiori rispetto ai bipedi; non subivano quei vincoli biomeccanici a livello delle cartilagini (a differenza dei mammiferi) che rendono meno efficienti le articolazioni delle zampe nei grandi animali; erano dotati di un sistema masticatorio e digerente che non richiedeva crani voluminosi e batterie dentarie (a differenza di molti dinosauri ornitischi e dei mammiferi brucatori) e quindi potevano immagazzinare quantità maggiori di cibo vegetale a parità di tempo di foraggiamento; disponevano di un organo molto versatile per raccogliere grandi quantità di cibo con un ridotto dispendio di energia locomotoria (il sistema formato dalla testa piccola e leggera mossa dal collo lungo e muscoloso); erano dotati di un complesso sistema di sacchi aerei che garantivano una ventilazione polmonare simile a quello degli uccelli (assente nei mammiferi), la quale a sua volta permette l'allungamento della trachea (e quindi del collo) senza subire gli svantaggi dello "spazio morto"; sempre grazie al sistema dei sacchi aerei potevano minimizzare il sovraccarico dato dalle ossa pneumatizzandole; e infine disponevano di ricche popolazioni di prole facilmente e velocemente rimpiazzabili in caso di crisi ambientale (a differenza dei grandi mammiferi che sono vincolati ad una strategia riproduttiva poco prolifica e meno resiliente).

Capitolo sesto
I buoni sauropodi

Nella scienza tassonomica, è tradizione coniare i nomi per nuove categorie biologiche aggiungendo un prefisso greco o latino a nomi già esistenti: i nuovi nomi si riferiscono, di solito, a gruppi collegati (o interni) al gruppo dal quale hanno tratto la parte del nome alla quale è associato il prefisso. Tali prefissi, in genere, sono aggettivi che caratterizzano e veicolano la principale motivazione in base alla quale i creatori del nome hanno voluto introdurlo in tassonomia. I prefissi più ricorrenti sono "Pro-", "Proto-", "Eu-", "Neo-", "Meta-", "Archaeo-", a volte combinati tra loro producendo lunghi neologismi dalla pronuncia controversa. Sebbene l'avvento del darwinismo e l'abbandono di una visione gerarchica delle forme di vita, questa ultima espressa dal concetto della "scala naturale", abbiano ridefinito la tassonomia come sistema genealogico e ramificato, il modo con cui impostiamo (e battezziamo) le categorie tassonomiche precede Darwin e l'Albero della Vita, ed è figlio di una visione più rigida, gerarchica e lineare della diversità vivente. L'etimologia dei prefissi greci e latini che usiamo per costruire i nomi dei gruppi biologici può quindi rivelare il crogiolo di filosofie, pregiudizi, visioni della vita e del tempo geologico che – sovente in maniera contraddittoria e nebulosa – formano l'impalcatura mentale di ogni studioso della diversità vivente. Se il prefisso "pro-" ("primo", "precedente") è chiaramente figlio dell'evoluzionismo in quanto implica una sequenza genealogica che si dispiega nel tempo, esso può anche tradire un pregiudizio dispregiativo nei confronti di quei gruppi che, caratterizzati come "pro-" di qualcosa, vengono automaticamente dipinti come "primitivi", "superati" e "antiquati".

Nei precedenti capitoli abbiamo incontrato i numerosi rami di Sauropodomorpha che si sono diversificati (sia come specie che come adattamenti) tra 230 e 180 milioni di anni fa. A questo variegato complesso di specie imparentate, la tradizione ha attribuito il nome complessivo di "prosauropodi", ovvero, "i predecessori dei sauropodi". Ho spiegato in più punti perché il termine "pro-sauropode" sia fuorviante, riduttivo e ingeneroso verso la storia iniziale di Sauropodomorpha, e del perché oggi sia stato abbandonato. Il termine, difatti, presuppone che i componenti di quel gruppo siano "precursori" di qualcosa che, al tempo in cui i "prosauropodi" esistevano e prosperavano, non esisteva ancora (o comunque era rappresentato da poche linee minoritarie), ovvero, quel termine ha senso "*a posteriori*", solamente se si conosce come sarà la storia dei dinosauri ben dopo la scomparsa dei "prosauropodi". L'idea che un gruppo biologico sia definibile e battezzabile in base a qualcosa che esisterà solamente nel futuro, ben oltre l'effettiva esistenza di quel gruppo, e quindi non può avere alcuna incidenza ed effetto diretto sulla sua storia presente né sulle dinamiche che lo hanno plasmato , è antiscientifica. Il futuro non ha alcun effetto sul presente e sul passato, quindi non ha molto senso che i "prosauropodi" del Triassico Superiore e del Giurassico Inferiore siano definiti e caratterizzati dal mero fatto di non essere parte del gruppo di sauropodomorfi vissuto *dopo* il Giurassico Inferiore. Per questo, il concetto di "prosauropode" non è particolarmente utile per capire proprio gli animali a cui quel nome è stato attribuito: qualsiasi cosa accada nel Giurassico Medio o in tempi successivi è del tutto irrilevante per capire le specie vissute milioni di anni prima. Dubito che qualcuno di voi vorrebbe essere ribattezzato in base al nome che sarà attribuito ad un suo discendente vivente tra qualche secolo nel futuro.

Se abbiamo abbandonato il concetto di "pro-sauropode" in quanto fuorviante, possiamo invece conservare il concetto rispetto al quale i prosauropodi sono stati associati "negativamente" per decenni: i "veri" sauropodi, quelli "duri e puri", caratterizzati dal peculiare mix di adattamenti che ho delineato nel precedente capitolo, e che sono immediatamente riconoscibili anche dal profano per la loro forma e dimensione corporea. A differenza dei "prosauropodi", questo secondo gruppo è coerente, ed è definito in base alle proprie caratteristiche intrinseche, alle proprietà presenti nel momento in cui quegli animali erano viventi. Eppure, sebbene questo gruppo sia coerente biologicamente, anche il suo nome tradisce un mix di pregiudizi (tutti umani) sul modo con cui i paleontologi intendono (più o meno consciamente) il divenire evolutivo. Letteralmente, i "veri sauropodi" sono classificati nel gruppo Eusauropoda, nome che, alla lettera, significa "i sauropodi genuini, quelli buoni, quelli veri". Se "pro-sauropode" aveva una accezione finalistica e dispregiativa proiettata verso un futuro di perfezionamento (essi erano "quelli *prima* dei sauropodi", ovvero, "*non ancora* sauropodi"), il termine "eu-sauropode" pare invece avere una accezione più idealistica, quasi pre-darwiniana: è un eusauropode un sauropodomorfo *perfetto* (nel senso latino di "completo", al quale non manca nulla affinché sia realizzato). Non nego che gli eusauropodi siano "sauropodi duri e puri" secondo l'accezione tradizionale che diamo a quel nome, né che il nome sia utile per definire quel tipo di sauropodomorfo che avrà molto successo a partire da 180 milioni di anni fa. Qui mi soffermo sul significato implicito che sta dietro il concetto di "buon-sauropode". La fortuna tassonomica del gruppo dei "buoni, veri sauropodi", quelli "genuini" è, come spesso accade nella storia della vita, la mera conseguenza di una contingenza storica alla quale noi abbiamo forzato le nostre idea su "come" proceda la Storia. Ricollochiamo il gruppo nella sua dimensione storica: alla fine del Giurassico Inferiore, 180 milioni di anni fa, la ricca diversità dei sauropodomorfi che aveva caratterizzato i precedenti 50 milioni di anni, e che comprendeva specie bipedi e quadrupedi, di piccole e grandi dimensioni, subisce una drammatica decimazione, e viene rimpiazzata dalla sopravvivenza di un singolo modello, quadrupede e di taglia gigantesca, quello per l'appunto al quale diamo il nome di "sauropode". Dato che si tende più o meno consciamente a considerare l'estinzione come la manifestazione del fallimento senza appello, e la sopravvivenza come il certificato della bontà biologica senza discussioni (al pari di una ricompensa), non sorprende quindi che tutti i gruppi di sauropodomorfi scomparsi all'inizio del Giurassico siano stati declassati a "prosauropodi" (precursori, rami secchi, vicoli ciechi, esperimenti evolutivi falliti della storia che porta ai sauropodi) mentre i sopravvissuti siano stati elevati al rango di "buoni sauropodi", quelli "superiori". Dubito che se anche i primi eusauropodi fossero andati incontro alla sorte degli altri sauropodomorfi, li avremmo degnati di un prefisso onorifico come "buoni e giusti".

Non voglio trascinare il discorso nella retorica nominalistica, né sminuire il grande successo degli eusauropodi (il gruppo arriva fino alla fine del Mesozoico e comprende tutti i dinosauri super-giganti a cui siamo affezionati, da *Diplodocus* a *Brachiosaurus*), ma ci tengo a rimarcare che fintanto che non svecchieremo le nostre categorie tassonomiche (e i criteri più o meno consci con cui le definiamo) e supereremo una visione finalistica e lineare della storia evolutiva, difficilmente potremo capire come e perché certi gruppi si diversificano, altri declinano e molti si estinguono. In particolare, non è detto che le cause dell'estinzione di così tanti sauropodomorfi alla fine del Giurassico Inferiore siano le stesse che hanno garantito il successo degli eusauropodi nel Giurassico Medio. Difatti, ancora oggi esiste una importante lacuna nella documentazione fossile a cavallo del passaggio tra Giurassico Inferiore e Medio (tra 190 e 175 milioni di anni fa), lacuna che avevamo già incontrato nel Primo Volume quando abbiamo parlato dell'origine degli averostri e dell'estinzione degli altri neoteropodi, lacuna che – analogamente – separa proprio il momento della scomparsa della maggioranza dei sauropodomorfi (ed eccezione dei sauropodi) e l'affermazione degli eusauropodi. Colmare tale lacuna sicuramente ci permetterà di capire se gli eusauropodi furono direttamente avvantaggiati dalla crisi che portò alla scomparsa delle altre specie oppure se essi furono semplicemente i discendenti di quei pochi fortunati non colpiti dalla crisi di fine Giurassico Inferiore. I fossili noti finora delineano comunque un quadro generale abbastanza chiaro, sebbene ancora molto lacunoso.

La transizione dalla "età dei tanti tipi di sauropodomorfi" (che si conclude circa 190 milioni di anni fa) e l'inizio della "età dei 'veri' sauropodi" (a partire da 170 milioni di anni fa) mostra la rapida scomparsa dei vari gruppi di sauropodomorfi ad eccezione dei gravisauri (i sauropodi da cui originano anche gli eusauropodi) seguita poi dalla scomparsa di tutti i gravisauri ad eccezione degli eusauropodi. Questi ultimi appaiono nel registro fossilifero quasi nel medesimo momento (in strati risalenti all'inizio del Giurassico Medio) in più parti del globo, dall'Asia orientale all'Europa continentale e dal Marocco al Sud America. Come interpretare questa modalità di documentazione fossile per i primi eusauropodi? La effettiva diversificazione di questi animali deve essere precedente il momento in cui questi appaiono nella documentazione paleontologica, e probabilmente si diluisce durante la fase poco documentata, quella estesa tra 190 e 170 milioni di anni fa. Si tratta della medesima conclusione a cui eravamo giunti con la documentazione dei teropodi averostri: la fase "lacunosa" non rappresenta un momento di reale scarsità di specie bensì un intervallo di scarsa documentazione, fase che, almeno per ora, è povera di reperti, ma che promette di fornire nuove specie qualora siano identificati siti con l'età giusta. Scoperte molto recenti confermano questo scenario: lo scheletro di un eusauropode, risalente a quasi 180 milioni di anni fa, è stato rinvenuto in Sud America in livelli più antichi rispetto a quelli che finora avevano prodotto resti di eusauropodi, ed attesta in modo definitivo la presenza di questi dinosauri già nella parte finale del Giurassico Inferiore. Questo nuovo sauropode è un membro a tutti gli effetti di Eusauropoda, non è un precursore né una "forma di transizione" tra i primi gravisauri ed i "veri sauropodi", e quindi implica che, alla fine del Giurassico Inferiore, le caratteristiche distintive di Eusauropoda erano già state realizzate e fissate nella morfologia del gruppo.

Gli eusauropodi si distinguono dagli altri (primissimi) sauropodi per innovazioni a livello dell'apparato masticatorio, nel collo e nella morfologia di mani e piedi. Il cranio è in proporzione più corto e robusto rispetto a quello degli altri sauropodomorfi. In particolare, il muso si fa più ampio e spesso, quindi sostanzialmente più resistente alle forze di reazione generate dal cibo durante la masticazione. La ossa delle mandibole degli eusauropodi hanno perduto le "mensole" ai lati della bocca che nelle specie precedenti erano state interpretate come possibile punto di ancoraggio per le "guance": pertanto, quale che fosse la forma e funzione delle "guance" nei precedenti sauropodomorfi (dando per scontato che la nostra interpretazione di queste strutture ossee sia corretta, e che tali guance siano effettivamente state presenti), esse scompaiono negli eusauropodi. Quindi, negli eusauropodi, la bocca apparentemente non disponeva di parti molli utili per migliorare l'alloggiamento del materiale vegetale. Come interpretare questa modifica anatomica? Se la inquadriamo nell'insieme di innovazioni degli eusauropodi, la perdita delle guance è legata ad un nuovo modo di foraggiare il cibo, un approccio che possiamo senza troppi giri di parole definire "brutalmente quantitativo", efficiente e rapido, ma poco selettivo. Difatti, il muso più corto e ampio e l'inclinazione dell'articolazione che apre e chiude la bocca implicano una maggiore apertura boccale in questi nuovi sauropodomorfi rispetto alle specie precedenti, e ciò, combinato alla perdita delle guance, suggerisce un approccio molto "sbrigativo" nel reperire il cibo vegetale, con boccate molto ampie e una masticazione minima tra un boccone ed il successivo. Gli eusauropodi appaiono quindi dei consumatori voraci di materiale vegetale di dimensioni medio-piccole, foglie e rami che erano rapidamente ingoiati senza praticamente alcuna fase masticatoria. I denti degli eusauropodi si conformano a questo modello: essi sono robusti, "a forma di cucchiaio", più grandi e meno numerosi rispetto alle specie precedenti: essi agivano come elementi di un rastrello, sfrondando rapidamente rami e cespugli dalle foglie e dai rametti, i quali erano immediatamente ingoiati, con pochissimo lavoro di sminuzzamento da parte dei denti. L'analisi dei denti, sia quelli esposti che quelli in crescita ancora dentro le ossa della mandibola, mostra una usura marcata dello smalto per i denti "attivi", e una crescita rapida per quelli in formazione: nonostante non masticassero come gli erbivori brucatori a noi familiari, gli eusauropodi erano nondimeno sottoposti ad una usura marcata dei denti, e li sostituivano regolarmente per tutta la loro vita. Presumibilmente, l'usura avveniva durante la fase di raccolta del cibo, quando era afferrato e strappato via dai rami. Le mandibole degli eusauropodi erano quindi specializzate a lavorare come "mani" che raccoglievano incessantemente il materiale vegetale, che veniva rapidamente immagazzinato nello stomaco, sede della masticazione (nella zona muscolare dello stomaco) e digestione vere e proprie (nella zona adibita a processamento chimico). Questa "mano vorace" era mossa sia in verticale che in orizzontale da un collo molto più mobile e robusto rispetto alle specie precedenti. Negli eusauropodi, aumenta il numero delle vertebre del collo rispetto alle specie precedenti. Queste ultime non avevano più di undici vertebre, un numero comparabile a quello della maggioranza dei dinosauri. Negli eusauropodi, il collo portava invece almeno dodici (spesso un numero maggiore) di vertebre. L'aumento del numero delle vertebre implica una maggiore mobilità complessiva del collo, perché per ogni vertebra aggiuntiva aumenta il numero di snodi concessi al collo. Non solo il numero degli snodi era aumentato, queste vertebre erano anche più mobili di quelle degli altri sauropodomorfi, dato che nella parte anteriore portavano una faccetta semisferica che andava ad alloggiare nella profonda concavità che formava la parte posteriore della vertebra precedente (negli altri sauropodomorfi, l'articolazione tra le vertebre adiacenti era formata da faccette più piatte, senza questo sistema di convessità-concavità alternate).

Il mix di adattamenti nel cranio, nella dentatura e nel collo delinea una ecologia specifica per questi dinosauri giganti. Mosso da potenti fasci che si inserivano sulle ossa della regione pettorale e della schiena e correvano lungo il collo, l'apparato boccale degli eusauropodi era impegnato per buona parte della giornata a raccogliere enormi quantità di cibo vegetale, molto coriaceo e fibroso, il quale, una volta ingoiato, rimaneva in stoccaggio per molti giorni dentro il lungo intestino, dove fermentava ed era infine assimilato. Dato che il cibo in questione era materiale vegetale ingoiato senza essere stato masticato, si deve concludere che tanto più lungo l'intestino in cui avveniva la fermentazione, tanto più efficiente era la digestione. Ovvero, un simile modello alimentare potrebbe funzionare solamente con animali *enormi*, perché i soli muniti di intestini tanto lunghi e capienti per funzionare da fermentatori di un cibo altresì indigeribile. La questione, quindi, è se i sauropodi abbiano acquisito questa modalità "brutale" di alimentazione vegetariana (che non si affida quasi per niente alla masticazione) come effetto del loro gigantismo oppure, al contrario, se il gigantismo sia stato (anche solo in parte) indotto dalla necessità di massimizzare l'efficienza dell'intestino "costretto" a processare un cibo tanto coriaceo quale è la materia vegetale non masticata.

Studi recenti suggeriscono che la tendenza climatica nella prima metà del Giurassico abbia indotto trasformazioni nella flora tali da "costringere" questi dinosauri a prendere la strada che ho appena descritto. Ovvero, è plausibile che il modello eusauropode rappresenti l'adattamento dei sauropodi ad un cambiamento nella vegetazione, a sua volta indotto da sostanziali cambiamenti climatici a livello globale. L'analisi della flora a cavallo del passaggio tra il Giurassico Inferiore ed il Medio mostra un declino della vegetazione tipica di condizioni umide ed una espansione di quelle gimnosperme (conifere e forme affini) adatte a condizioni aride. Le ricostruzioni climatiche di quel periodo, intorno a 180 milioni di anni fa, dipingono il supercontinente di Pangea (allora solo in parte fratturato dall'apertura dell'Oceano Atlantico Settentrionale) come attraversato a metà da una ampia fascia desertica parallela all'equatore, e con buona parte delle terre emerse caratterizzata da condizioni più asciutte rispetto a quelle dell'inizio del Giurassico. La vegetazione (ovvero, il tipo di adattamento della flora) dominante in questi contesti continentali aridi era composta da alberi dotati di foglie relativamente piccole e coriacee (ad esempio, gli aghi delle conifere), un cibo abbondantissimo ma poco appetibile e difficilmente digeribile, che richiedeva quindi una particolare specializzazione masticatoria e digestiva per essere consumato in modo efficiente. Gli eusauropodi, ed il loro peculiare mix di innovazioni, paiono quindi la risposta dei primi gravisauri alla rivoluzione nella vegetazione conseguente la trasformazione climatica della fine del Giurassico Inferiore. Paradossalmente (e va rimarcato con una punta di ironia), l'anatomia generale dei "buoni sauropodi", proprio quelli che tradizionalmente abbiamo dipinto immersi nelle paludi a masticare alghe flaccide e succose piante acquatiche, rappresenta invece un adattamento a condizioni ambientali e vegetazionali asciutte, quando non esplicitamente aride.

Ulteriore conferma della natura prettamente terricola di questi animali è nelle innovazioni anatomiche a livello delle mani e dei piedi che contraddistinguono gli eusauropodi. Le ossa che formano il palmo delle mani acquisiscono una conformazione completamente "colonnare", allungandosi e compattandosi tra loro, formando un cilindro verticale allineato al resto della zampa. Le dita si accorciano e irrobustiscono, e portano falangi ungueali strette e affilate: la mano perde definitivamente la funzione di presa che caratterizzava i primi dinosauri, e diviene parte integrante dell'impianto colonnare degli arti. La riorganizzazione delle ossa della mano e dell'avambraccio, che nei primi sauropodi aveva permesso all'arto anteriore una forma di "pseudo-pronazione" in grado di assecondare il movimento dell'arto posteriore, con gli eusauropodi raggiunge la piena definizione, garantendo a questi animali una andatura quadrupede pienamente efficiente. Nondimeno, la forma degli ungueali suggerisce che questi animali fossero comunque in grado di usare le mani per scavare o eventualmente per difendersi contro un aggressore, conservando almeno in parte le funzioni tipiche del braccio nei loro antenati bipedi. In particolare, il primo dito, il più robusto, tende a portare l'artiglio più grande e prominente. Analoghe modifiche avvengono a livello del piede, che si accorcia e irrobustisce, evolvendo una postura "semi-plantigrada" analoga a quella che osserviamo nei pachidermi moderni, molto più adatta a sostenere l'enorme peso corporeo rispetto alla condizione digitigrada e cursoria tipica dei primi dinosauri. Come per la mano, anche l'asse portante del piede si sposta verso l'interno dell'arto: mentre la maggioranza dei dinosauri ha nel terzo dito (quello centrale) l'asse principale per lo scarico del peso, negli eusauropodi questo ruolo è assunto dal primo dito (equivalente al nostro alluce) che diventa il più spesso e robusto nel piede. Ed anche in questo caso, le dita portano artigli molto robusti ed affilati, usati probabilmente sia per scavare (ad esempio, durante la costruzione delle nidiate) oltre che per sferrare calci contro eventuali aggressori.

L'accenno al possibile uso difensivo ed offensivo degli artigli delle zampe non è una mera speculazione. Abbiamo visto nel Primo Volume che il principale motore nell'evoluzione del gigantismo nei dinosauri (in particolare, nei sauropodi) fu la Corsa agli Armamenti, ovvero la co-evoluzione tra prede e predatori all'interno di Dinosauria. In particolare, i grandi teropodi averostri del Giurassico (ceratosauridi, megalosauroidi ed allosauroidi) sono i più probabili predatori dei sauropodi. Abbiamo visto nei precedenti volumi l'eccellente armamentario di questi carnivori. La pressione predatoria dei teropodi si concentrava sopratutto sui giovani sauropodi che non potevano ancora godere del vantaggio dato dalle enormi dimensioni corporee dell'età adulta. Vantaggio che, per quanto evidente, non necessariamente conferiva una immunità assoluta dalla predazione. L'anatomia dei grandi teropodi suggerisce che la pressione selettiva sui sauropodi colpiva probabilmente anche gli esemplari maturi e deve aver spinto alcune linee, sopratutto a metà del Giurassico, ad elaborare la difesa ben oltre la semplice opposizione passiva data dalle grandi dimensioni. In almeno tre distinti gruppi di eusauropodi del Giurassico, difatti, è documentata l'evoluzione di vere e proprie armi di offesa: la parte terminale della coda di questi dinosauri mostra un ispessimento delle ultime vertebre, parzialmente fuse tra loro. Questo ispessimento in vita doveva formare una piccola "mazza" che l'animale poteva roteare e scagliare violentemente contro un avversario grazie alla grande mobilità della coda muscolosa tipica di tutti i dinosauri: una condizione analoga alla "mazza terminale" degli eusauropodi sarà poi sviluppata indipendentemente (e in forma molto più elaborata e raffinata) in alcuni ornitischi corazzati del Cretacico (ankylosauridi).

Stabilire le relazioni evolutive all'interno degli eusauropodi è controverso. La maggioranza delle specie più antiche, vissute a cavallo del passaggio tra Giurassico Inferiore e Medio, è basata su resti frammentari di difficile collocazione rispetto ai gruppi successivi. In alcuni casi, si discute se essi siano eusauropodi oppure appartengano ad altre linee di gravisauri che non persistono nella seconda parte del Giurassico. Queste forme sono superficialmente riconducibili ad un "grado vulcanodontide", nome che fa riferimento ad una linea di sauropodi primitivi ed al cui interno si inserivano alcuni tra i primi sauropodi del Giurassico Inferiore, privi delle caratteristiche distintive degli eusauropodi. Tralasciando le specie problematiche, Eusauropoda comprende tre gruppi principali: i mamenchisauridi, i turiasauri e i neosauropodi. Ai neosauropodi, al cui interno troviamo le specie più famose di sauropodi, saranno dedicati i prossimi capitoli.

I mamenchisauridi sono eusauropodi principalmente giurassici, noti in maggioranza dall'Asia orientale. Recentemente, resti frammentari scoperti un secolo fa in livelli della fine del Giurassico dell'Africa orientale sono stati reinterpretati come appartenenti a questo gruppo, dimostrando una distribuzione molto più ampia di quanto ritenuto in precedenza. Non è irragionevole ipotizzare quindi che in futuro troveremo anche resti di mamenchisauridi in Europa. Ossa di sauropode rinvenute in Indocina attestano la persistenza dei mamenchisauridi fino alla prima parte del Cretacico (120 milioni di anni fa). Questo gruppo, ed in particolare il materiale cinese, attende una revisione aggiornata, e non è chiaro se tutte le specie di mamenchisauride istituite nei decenni scorsi siano valide e distinguibili tra loro. Tra i mamenchisauridi sono annoverate alcune delle specie di dinosauro più grandi conosciute, con lunghezze prossime alla trentina di metri e masse stimate sulla cinquantina di tonnellate. La caratteristica più famosa e spettacolare di alcune specie di questo gruppo è il gran numero di vertebre del collo, che arrivava a comprendere diciannove elementi (dieci in più rispetto al numero di vertebre del collo tipiche dei dinosauri, inclusi i primi sauropodomorfi). In un esemplare articolato di mamenchisauride, descritto recentemente da livelli del Giurassico Superiore cinese, il collo supera i tredici metri di lunghezza (ovvero, quanto un intero *Tyrannosaurus* adulto!), e resti frammentari potrebbero indicare esemplari con colli ancora più colossali. Sempre grazie a esemplari cinesi molto ben conservati, sappiamo che anche i mamenchisauridi, come altri eusauropodi del Giurassico, erano "armati" all'estremità della coda con una espansione ossea probabilmente usata per rispondere attivamente durante gli scontri con i grandi teropodi predatori.

Turiasauria è una linea di eusauropodi identificata solo di recente. I primi resti attribuiti a questo gruppo provengono dal Giurassico Superiore (160-145 milioni di anni fa) della Penisola Iberica. Almeno due specie vissute 125 milioni di anni fa in Nord America attestano la persistenza dei turiasauri durante la prima metà del Cretacico. Come nel caso dei mamenchisauridi, anche i turiasauri includono specie di dimensioni sia medie (per gli standard dei sauropodi, quindi animali lunghi una quindicina di metri e pesanti una dozzina di tonnellate) che giganti (più di venticinque metri di lunghezza e almeno una trentina di tonnellate di peso), a dimostrazione di una grande esuberanza ecologica da parte di tutti gli eusauropodi, non solamente dai gruppi inclusi in Neosauropoda (oggetto dei prossimi capitoli). Nonostante le prove accumulate negli ultimi anni attestino il successo e la diversità di gruppi di eusauropodi meno famosi rispetto ai diplodocimorfi e i macronari (i due rami di Neosauropoda), meno chiaro è determinare quanto e come i differenti tipi di eusauropode giurassici si differenziassero nell'ecologia (ad esempio, come le varie specie sfruttassero le risorse ambientali, se ci fossero specializzazioni alimentari o locomotorie, se ci fosse competizione tra specie viventi nei medesimi contesti e come eventualmente questa competizione fosse mitigata da adattamenti peculiari tipici di ciascun tipo). Molte specie sono distinguibili principalmente dalla tipologia di pneumatizzazione delle vertebre, ovvero dalle forma delle laminazioni e delle fosse scavate dai sacchi aerei sulla superficie e nell'interno delle ossa della colonna vertebrale. Nella maggioranza dei casi, queste differenze nelle caratteristiche pneumatiche delle ossa non avevano alcuna effettiva conseguenza "esteriore" e non incidevano (per quanto ne sappiamo) sullo stile di vita e sull'ecologia degli animali che le portavano: al pari delle nostre impronte digitali, le combinazioni di lamine ossee vertebrali sono eccellenti per distinguere le varie specie e per stabilire una tassonomia dei diversi gruppi, ma non hanno alcuna relazione diretta con lo stile di vita o le abitudini dell'animale che le portava. La rarità di resti del cranio e della dentatura associati agli eusauropodi della metà del Giurassico, ad esempio, non ci aiuta a comprendere se, al di là degli adattamenti generali illustrati ad inizio del capitolo, turiasauri e mamenchisauridi avessero regimi alimentari differenti da quelli dei neosauropodi.

In alcuni casi, i dati paiono indicare una qualche forma di regionalismo in questi dinosauri. Ad esempio, i turiasauri sono noti principalmente in Europa occidentale e Nord America (a quel tempo collegate) mentre i mamenchisauridi sono abbondanti in estremo oriente. Tuttavia, la recente rivalutazione di resti isolati ha mostrato che i mamenchisauridi esistevano anche in Africa orientale alla fine del Giurassico, associati con i neosauropodi, i quali a loro volta sono presenti nello stesso periodo con specie molto simili sia in Nord America che nella Penisola Iberica (questa ultima è l'areale noto dei turiasauri giurassici). Non è chiaro come mai i turiasauridi non siano anche noti in Asia né perché i mamenchisauridi non si trovino in Nord America: stiamo osservando una differenziazione geografica reale oppure, banalmente, i resti fossili di questi gruppi sono troppo scarsi per poter ricostruire realisticamente la distribuzione nel tempo e nello spazio dei differenti tipi di eusauropode? Nel secondo caso, una fruizione "letterale" della documentazione fossile potrebbe quindi essere del tutto azzardata e fuorviante.

Capitolo settimo
I nuovi sauropodi non sono nuovi

Il termine "neosauropode" (letteralmente, "nuovo sauropode") fu introdotto a metà degli anni '80 del secolo scorso per indicare i famosi sauropodi della fine del Giurassico, come *Apatosaurus, Diplodocus* e *Brachiosaurus*. Il nome tassonomico corrispondente, Neosauropoda, rientra elegantemente nella cornice filosofica ed evoluzionistica che, a quel tempo, descriveva la storia dei sauropodomorfi: ai "prosauropodi" del Triassico e del Giurassico Inferiore seguivano gli "eusauropodi" del Giurassico Medio, e da questi si irradiavano i "neosauropodi" del Giurassico Superiore. I neosauropodi erano quindi il termine di un processo graduale di "sauropodizzazione", iniziato 230 milioni di anni fa, e culminato, 150 milioni di anni fa, nei più grandi animali di terraferma esistiti. Sebbene il nome "neosauropode" sia perfettamente valido per delineare un gruppo particolare di eusauropodi, aventi una serie di innovazioni anatomiche peculiari, e sia usato tuttora, lo scenario che aveva giustificato l'istituzione di quel nome è oggi superato. Una ricca sequenza di scoperte, avvenute negli ultimi 25 anni in particolare in Asia, Nord America e Sud America, ha falsificato l'elegante semplicità della visione degli anni '80. I neosauropodi non compaiono nel Giurassico Superiore, ma ben prima, dato che recenti ritrovamenti di indiscutibili neosauropodi risalgono ad almeno l'inizio del Giurassico Medio. Essi furono, pertanto, per buona parte della loro storia contemporanei degli altri eusauropodi (ad esempio, mamenchisauridi e turiasauri) e non rappresentano né un loro superamento né una successiva evoluzione. Inoltre, gli altri eusauropodi, che abbiamo incontrato nel precedente capitolo, sono ben più diversificati e specializzati di quanto si ritenesse in passato, e non sono riducibili ad un mero "stadio di transizione" tra il primitivo vulcanodontide dell'inizio de Giurassico e le specializzazioni vissute 40 milioni di anni dopo. Le peculiarità dei mamenchisauridi e dei turiasauridi non si ripetono nei neosauropodi: questi ultimi non sono la "prosecuzione" né la "innovazione" (ovvero, la "*nuova* versione") di quei gruppi. La persistenza di almeno i turiasauri nel Cretacico Inferiore (quindi, 15-20 milioni di anni dopo la comparsa di molti neosauropodi "classici") smentisce definitivamente l'idea che gli altri eusauropodi fossero un mero tassello della sequenza lineare che conduce a dinosauri come *Diplodocus* e *Brachiosaurus*. La scoperta di nuovi sauropodi giurassici ha permesso di colmare parte del divario anatomico che, trenta-quaranta anni fa, aveva giustificato la separazione dei neosauropodi dagli altri eusauropodi. Nella maggioranza dei casi, caratteristiche tradizionalmente considerate "neosauropodiane" sono ora distribuite anche in altri eusauropodi, dimostrando che il "nuovo sauropode" è solo una tra le tante versioni del vincente modello del "buon sauropode".

Tra le innovazioni anatomiche che si considerano tipiche dei neosauropodi abbiamo la riorganizzazione della regione del muso e della narice (l'apertura ossea delle vie respiratorie). Nella maggioranza degli altri eusauropodi, la dentatura è estesa per buona parte della cavità boccale. Nei neosauropodi, invece, i denti sono limitati alla parte anteriore del muso, e non si estendono indietro a livello delle orbite oculari. Il lettore ricorderà una situazione analoga nei teropodi tetanuri, descritta nel Primo Volume, i quali si distinguono dagli altri teropodi per avere la dentatura distribuita esclusivamente nella parte anteriore della bocca, di fronte alle orbite. Come in quel caso, la spiegazione adattativa della "migrazione anteriore" dei denti (o, se preferite, della "scomparsa posteriore" dei denti lungo la bocca) è legata al diverso utilizzo delle mandibole per afferrare e processare il cibo. Nei neosauropodi, rispetto agli altri sauropodi, la bocca perfeziona la funzione di raccolta del cibo (svolta principalmente dai denti anteriori) a discapito della funzione masticatoria (svolta principalmente dei denti posteriori): questa innovazione anatomica è quindi la continuazione dell'adattamento alimentare già descritto in generale per gli altri eusauropodi. A conferma di questa interpretazione, i denti dei neosauropodi riducono significativamente fino a perdere del tutto le robuste seghettature che, negli altri sauropodi, adornano i margini dei denti, e che hanno la funzione di sminuzzare il materiale vegetale prima di ingoiarlo. In molti neosauropodi, inoltre, i denti non hanno più la forma a "cucchiaio" e somigliano piuttosto a delle dita sottili, ai dentelli di un rastrello da giardiniere.

Un'ulteriore peculiarità dei neosauropodi rispetto agli altri eusauropodi è la posizione della narice ossea esterna (la cavità nasale) nel cranio, che è più arretrata sul tetto della testa, arrivando in alcuni gruppi ad aprirsi direttamente tra le due orbite. La posizione arretrata (ed in alcuni casi anche rialzata) della narice esterna nei neosauropodi è stata in passato considerata un adattamento alla vita semi-acquatica, dato che l'arretramento della narice è un tratto tipico dei vertebrati terrestri che si sono adattati ad uno stile di vita acquatico (come i cetacei e vari rettili marini mesozoici). Tuttavia, come abbiamo visto, tutti i sauropodi sono animali perfettamente adattati alla vita terricola e non mostrano particolari adattamenti idonei per uno stile di vita semi-acquatico. La mera presenza di narici arretrate in animali il cui corpo non mostra altri adattamenti alla vita acquatica non pare un motivo sufficiente per sostenere che questi animali vivessero immersi. Inoltre, affinché le narici di questi dinosauri abbiano una qualche utilità in un contesto acquatico, occorre che buona parte della testa (e, ragionevolmente, anche il resto del corpo) sia sommerso. Tuttavia, sia l'anatomia che la fisica smentiscono questa interpretazione. Innanzitutto, gli arti e la forma della cavità toracica di questi animali non sono particolarmente idonei per vivere in acqua (vedere i capitoli precedenti). Inoltre, immaginare un sauropode completamente immerso, con solamente orbite e narici a pelo d'acqua, richiede che l'animale abbia i polmoni posti a vari metri di profondità: in quelle condizioni, non è fisicamente possibile che la muscolatura toracica sia in grado di ventilare (pompare aria nei polmoni) dato che la pressione dell'acqua contro il torace vince contro quella atmosferica. Di conseguenza, un sauropode immerso in modo da avere le narici "utili a respirare" sarebbe incapace di ventilare e sarebbe costretto a restare in apnea durante l'intera immersione: ciò renderebbe del tutto inutile evolvere narici modificate per permettere la ventilazione in immersione! Il paradosso si risolve negando uno stile di vita acquatico in questi animali e cercando altre spiegazioni per la migrazione delle narici ossee in alto sul cranio. Innanzitutto, la posizione della apertura ossea, che vediamo nel fossile, non coincide con quella della narice carnosa che avremmo visto nell'animale in vita, poiché essa, nei rettili, occupa la parte anteriore della fossa nariale (la depressione delle ossa che circonda l'apertura vera e propria): dato che molti sauropodi hanno ampie fosse nariali estese in avanti ben oltre la posizione della narice ossea, deduciamo che questi animali in vita non avessero l'apertura nasale così arretrata e "sopraelevata" come appare dalla forma del solo cranio. Dato che la posizione della apertura carnosa nei neosauropodi quindi non si discostava molto dalla condizione tipica degli altri eusauropodi, come mai le loro narici ossee sono così arretrate? Probabilmente, la migrazione dell'apertura non è legata ad una modifica nelle cavità respiratorie ma è invece un effetto collaterale dell'adattamento masticatorio che abbiamo incontrato prima: arretrando la cavità nasale, la parte anteriore del muso (quella dove alloggiano i denti) risulta formata da osso compatto, privo di aperture che possano indebolirne le prestazioni meccaniche. Ovvero, la migrazione della narice rende più solida e compatta la parte anteriore del muso dove alloggiano i denti, permettendo una maggiore efficienza nel morso e nella presa del cibo vegetale. La migrazione anteriore dei denti e quella posteriore della narice sono quindi due facce della medesima medaglia adattativa conquistata dai neosauropodi per migliorare l'efficienza nel reperimento del materiale vegetale.

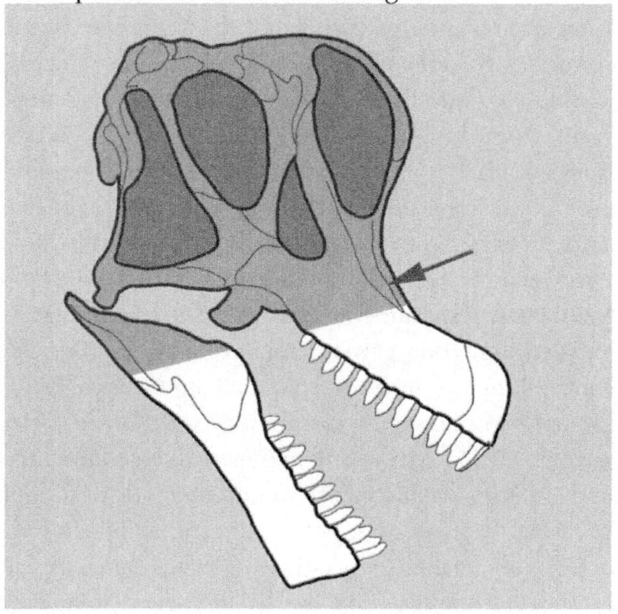

Il cranio dei neosauropodi consiste di due zone specializzate per funzioni differenti. La parte posteriore (area scura) dove alloggiano gli organi di senso e le narici (la posizione della apertura carnosa è indicata dalla freccia nera) ed una anteriore (area chiara) dove alloggia la dentatura.

Svincolato dalla necessità di svolgere altre funzioni (ad esempio, la respirazione), il muso dei neosauropodi fu quindi plasmato nella sua evoluzione quasi esclusivamente dalle esigenze legate alla raccolta del cibo. La forma generale del muso dei neosauropodi rispecchia la necessità di massimizzare la quantità di cibo raccolto nel minor intervallo di tempo. Nei vegetariani odierni, si osserva che i *generalisti* (animali che non selezionano la fonte di cibo e massimizzano così la quantità di cibo raccolto a parità di tempo) tendono ad avere musi più ampi e squadrati rispetto ai *selettivi* (animali che dedicano una maggiore quantità di tempo nella selezione del cibo da raccogliere): in questi ultimi, il muso è più stretto, affusolato e arrotondato.

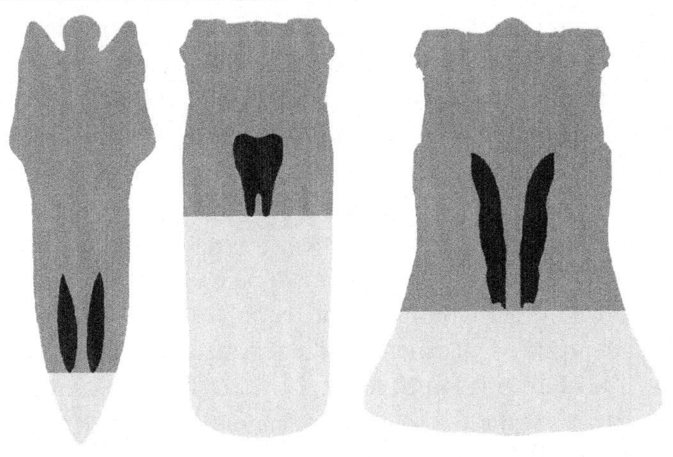

Crani di sauropode visti dall'alto, con la punta del muso rivolta a fondo pagina. Da sinistra, un eusauropode primitivo (*Shunosaurus*) e due neosauropodi (*Galeamopus*, al centro, e *Nigersaurus*, a destra), con indicata la posizione delle narici ossee (nero) e la porzione del muso posta anteriormente alle narici (grigio chiaro). I neosauropodi hanno narici più arretrate e musi più ampi e squadrati rispetto agli altri sauropodi.

In generale, i musi dei neosauropodi sono più ampi e squadrati rispetto a quelli degli altri sauropodomorfi, compresi la maggioranza degli altri eusauropodi, e ciò conferma per questi dinosauri una dieta più generalista, meno selettiva e quindi, a parità di tempo dedicato al foraggiamento, una maggiore quantità di cibo raccolto.

L'ipotesi che la dieta dei neosauropodi sia una versione "generalista" di quella degli altri sauropodi è ulteriormente supportata da recenti analisi sul tasso di sostituzione dei denti nei dinosauri. Tra tutti i dinosauri i neosauropodi hanno i più alti tassi di sostituzione dei denti conosciuti: la maggioranza delle specie mostra un tempo di ricambio (il tempo che separa la caduta di un dente dalla caduta del dente che lo ha sostituito, cresciuto nel medesimo alveolo) dell'ordine dei pochi mesi, ovvero molto più rapido delle varie stagioni o persino anni che caratterizzano i tassi di ricambio negli altri gruppi. Il ricambio rapido e continuo dei denti in animali che di fatto non masticavano implica una modalità molto "aggressiva" di usura nei denti stessi, i quali erano evidentemente sottoposti ad una intensa "erosione" da parte del materiale vegetale consumato. Abbiamo visto che la principale fonte alimentare dei sauropodi giurassici è formata da piante sia di *habitus* arboreo che erbaceo relativamente fibrose e coriacee. Un ulteriore fonte di usura nei denti, spesso trascurata nella comprensione della biologia di questi animali, è legata alle condizioni climatiche stesse. In particolare, animali che consumano materiale vegetale che cresce basso a livello del suolo sono soggetti ad una ulteriore fonte di usura dei denti qualora il contesto climatico in cui vivono sia arido: la polvere (spesso di tipo siliceo) che si deposita regolarmente sulla vegetazione nei contesti aridi contribuisce a rendere ancora più coriacei i rami e le foglie. Questo apporto di materiale usurante sollevato dal suolo arido tende ad essere meno importante sulle foglie delle piante di alto fusto, e quindi impatta meno aggressivamente sulla dentatura degli animali che si nutrono delle fronde degli alberi: il diverso grado di usura e di sostituzione dei denti sono quindi fattori utili per dedurre se una particolare specie di sauropode si nutrisse principalmente di piante basse a livello del terreno oppure dalle fronde degli alberi. Combinando la forma del muso e il grado di usura e sostituzione dei denti, è possibile quindi dividere i sauropodi in varie categorie ecologiche: i "brucatori" di piante basse *vs* i "pascolatori" delle fronde degli alberi, oppure i generalisti *vs* i selettivi.

Le caratteristiche della dentatura sono state tra i principali criteri di classificazione dei neosauropodi fin dall'istituzione del gruppo. In origine, Neosauropoda era suddiviso in due rami principali, già differenziati alla fine del Giurassico. Il primo, comprendente forme come *Camarasaurus* e *Brachiosaurus*, è caratterizzato da denti a forma di cucchiaio o spatola, ampi e robusti. Il secondo, comprendente forme come *Apatosaurus* e *Dicraeosaurus*, è caratterizzato da denti di forma cilindrica. Secondo questo schema, dai sauropoidi con denti cilindrici sarebbero derivati due ulteriori rami nel Cretacico, i titanosauri (il gruppo di sauropodi più abbondante nella seconda metà del Mesozoico) ed i rebbachisauridi.

La divisione dei neosauropodi in due gruppi, uno con denti spatoliformi e l'altro con denti cilindrici, è oggi superata, poiché non rispecchia fedelmente le relazioni che risultano dall'indagine di tutte le caratteristiche anatomiche di questi sauropodi. In primo luogo, denti spatoliformi sono presenti anche nella maggioranza degli altri eusauropodi, non sono quindi limitati ad un ramo di Neosauropoda e di conseguenza non costituiscono un criterio valido per definire un sottogruppo di neosauropodi. Inoltre, una volta che le relazioni evolutive dei neosauropodi sono state analizzate considerando tutta l'anatomia, specialmente quella delle vertebre, e non solamente le caratteristiche della dentatura, è risultato che uno dei rami di neosauropodi con denti cilindrici, i titanosauri, sia molto più strettamente imparentato con alcuni neosauropodi con denti spatoliformi rispetto agli altri neosauropodi con denti cilindrici. Ciò implica che la condizione "con denti cilindrici" sia comparsa separatamente in due rami distinti di neosauropodi, a partire da una condizione originaria comune di tipo "spatoliforme". Negli ultimi due decenni, è prevalsa una classificazione interna di Neosauropoda che non sia legata unicamente alla forma della dentatura, ma che rispecchi l'intero insieme delle loro innovazioni anatomiche. Il gruppo è quindi suddiviso in due rami principali: Diplodocimorpha (formato da dicreosauridi, diplodocidi e rebbachisauridi) e Macronaria (formato da *Camarasaurus*, brachiosauridi e titanosauri).

Capitolo ottavo
Brontosauri di nome e diplodoci di forma

Sebbene il mio contributo alla scienza dei dinosauri sia concentrato principalmente nello studio dei teropodi (i protagonisti dei primi due volumi di questa serie), ho avuto la fortuna di potermi dedicare anche ad alcuni sauropodi. La mia tesi di dottorato è stata scritta in larga parte all'ultimo piano del Museo Geologico "Giovanni Capellini" di Bologna. Uno dei nove capitoli della tesi è dedicato al dinosauro sauropode *Tataouinea hannibalis,* scoperto alcuni anni prima in Tunisia da una spedizione paleontologica dell'ateneo bolognese (vedere il Prologo di questo volume). Nel piano del Museo "Capellini" immediatamente sottostante quello dove ho steso la dissertazione è esposto il più grande scheletro di dinosauro visibile in Italia, il celebre sauropode *Diplodocus carnegiei,* donato all'inizio del XX Secolo al Re d'Italia dal magnate americano Andrew Carnegie. Elegantemente inserito nella cornice primo-novecentesca del museo "Capellini", l'enorme scheletro del sauropode, lungo più di venticinque metri, ci trasmette immediatamente *l'essenza* di questi animali, sintesi di potenza ed eleganza, efficienza biomeccanica e apparente noncuranza verso le leggi della gravità. Copie di quello scheletro, identiche a quella italiana, sono presenti in altri musei europei, tutti doni del Carnegie al Vecchio Continente. La maggioranza dei visitatori dei musei europei che espongono questo dinosauro non sono consapevoli che ciò che osservano sia una copia in gesso di un originale esposto negli Stati Uniti, né che l'originale stesso non sia basato sulle ossa di un singolo individuo ma comprenda i resti di più animali, ciascuno incompleto, assemblati assieme. Recentemente, il cranio che forma parte di quello scheletro è stato attribuito ad un genere distinto, *Galeamopus*. Paradossalmente, quindi, la testa di *Diplodocus* non è una testa di *Diplodocus* (anche se riteniamo che – qualora sia scoperta – non risulterà molto diversa da quella di *Galeamopus*).

Sia *Diplodocus* che *Tataouinea* appartengono ad uno dei due rami di Neosauropoda, quello dei diplodocimorfi. Il nome del gruppo menziona esplicitamente *Diplodocus* (e significa, letteralmente, "a forma di *Diplodocus*"). Questo termine può fuorviare, dato che all'interno di Diplodocimorpha abbiamo una variegata diversità di forme e dimensioni di sauropodi, non tutti analoghi a *Diplodocus*. Il nome stesso di *Diplodocus*, coniato 140 anni fa, se inteso alla lettera, è a sua volta fuorviante. Il termine significa "doppia trave" e si riferisce alla forma delle barre ossee che articolano con la parte ventrale delle vertebre della coda (archi emali), forma che in questo caso è biforcata. Sebbene tale elemento (e la sua forma biforcata) fosse noto unicamente in *Diplodocus* quando il fossile fu scoperto (e quindi considerato legittimamente una peculiarità di tale dinosauro), oggi sappiamo che la medesima morfologia è presente in molti altri sauropodi, e non è distintiva né di *Diplodocus* né dei diplodocimorfi. Accade sovente in tassonomia (e a maggior ragione in una disciplina che deve sempre tenere in conto la frammentarietà dei dati quale è la paleontologia) che un tratto anatomico, scoperto inizialmente in una sola specie e quindi considerato "tipico" di quella specie (ovvero, un suo carattere diagnostico), sia successivamente identificato anche in altre specie, e quindi non possa più essere considerato diagnostico della prima specie scoperta bensì, eventualmente, caratteristico di un ben più ampio gruppo zoologico. Questa "perdita di utilità" di un carattere per definire una specie con l'aumento delle conoscenze è detto "obsolescenza". Incontreremo un altro caso di obsolescenza nei sauropodi macronari.

Nei diplodocimorfi osserviamo la forma più estrema di trasformazione del cranio nei sauropodomorfi. Le tendenze che erano state introdotte nei capitoli precedenti, sia nella dentatura che nella posizione delle narici, sono ora portate al grado massimo di specializzazione. I denti sono posizionati esclusivamente lungo il bordo anteriore del muso, e in molti diplodocimorfi sono inoltre inclinati in avanti, sporgendo proiettati ben oltre le ossa della bocca. I denti assumono una forma cilindrica, e vengono rimpiazzati ad un tasso talmente rapido che per ogni dente in funzione, che sporge dalla mandibola, ci sono ben quattro germi di denti sottostanti, già attivi, impilati uno di seguito all'altro ed in crescita dentro lo stesso alveolo del dente attualmente in funzione. Il muso di questi sauropodi è squadrato, ed in alcuni casi, come nel rebbachisauride *Nigersaurus*, questo si allarga in avanti come un ventaglio. Il resto della testa mostra una radicale riorganizzazione delle ossa e delle finestre del cranio, con le narici, spesso confluenti in una singola apertura, che si aprono direttamente sulla sommità della testa, in mezzo alle orbite. Anche la geometria della scatola cranica e dell'articolazione della bocca si riorganizzano in modo da formare un angolo marcato con il muso: il risultato di questa apparente deformazione estrema della testa è la possibilità di mantenere la bocca proiettata verso il basso anche quando il collo è esteso in orizzontale.

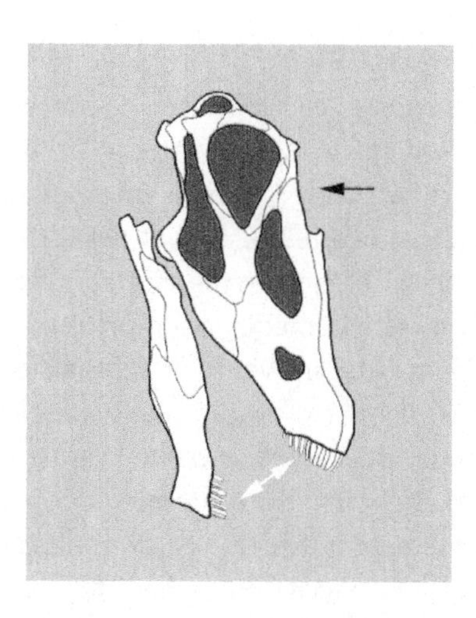

Cranio di diplodocimorfo visto di lato ed orientato con il collo orizzontale. Notare la posizione dei denti confinati all'estremità anteriore del muso (freccia bianca) e della narice posta di fronte agli occhi (freccia nera).

In questo modo, l'animale può continuare a foraggiare la vegetazione bassa a livello del terreno senza che debba modificare la posizione della testa (in particolare, la direzione degli occhi) mentre si sposta. Combinando tutti questi elementi in una ecologia funzionante, i diplodocimorfi erano adattati ad una dieta "voracemente" generalista, poco selettiva, che favoriva la vegetazione più bassa, a livello del suolo o delle fronde più basse degli alberi. Abbiamo visto che questo tipo di dieta comporta un forte stress per la dentatura, e questo si riflette nel tasso di sostituzione dei denti, molto rapido, che è documentato nei diplodocimorfi.

Le innovazioni anatomiche dei diplodocimorfi non si limitano al cranio. In particolare, le vertebre di questi dinosauri sono scavate da elaborate geometrie di fosse e camere pneumatiche, prodotte dall'espansione dei sacchi aerei, contro e all'interno delle ossa. Il risultato è una variegata diversità di spine, creste e laminazioni che si estende lungo buona parte della colonna vertebrale, compresa la parte iniziale della coda, e che permette di identificare i resti dei diplodocimorfi anche da singole vertebre. Sebbene vari tipi di laminazioni e fosse pneumatiche siano presenti nelle vertebre di tutti gli eusauropodi, nei diplodocimorfi il grado di complessità ed esuberanza delle laminazioni raggiunge un livello estremo. In alcuni casi, come nel rebbachisauride *Tataouinea*, il grado di pneumatizzazione dello scheletro è molto avanzato e ricorda la condizione che osserviamo in molti uccelli moderni. Caso molto raro tra i dinosauri mesozoici, persino le ossa del bacino di *Tataouinea* erano penetrate e pneumatizzate dai sacchi aerei. Un fenomeno analogo, sviluppato secondo un processo differente, sarà anche realizzato da alcuni macronari (introdotti nel prossimo capitolo). La presenza di camere pneumatiche nelle ossa della coda e del bacino in questi sauropodi ha interessanti implicazioni per ricostruire la biologia respiratoria dei dinosauri mesozoici. Difatti, negli uccelli moderni, la pneumatizzazione della *parte posteriore* del corpo è operata da un tipo di sacchi aerei che dal polmone si estendono verso la regione addominale. Questi sacchi (detti "addominali") contribuiscono alla ventilazione del polmone degli uccelli, in concerto con altri sacchi, sempre emanati dal polmone ma posizionati nella parte anteriore del tronco (e detti "toracici"). Dato che i sacchi aerei non fossilizzano, noi non possiamo dedurre la loro presenza e distribuzione nelle specie estinte in modo diretto, ma solamente grazie alle tracce che questi eventualmente lasciavano sulle ossa dello scheletro e con le quali entravano in contatto durante la vita dell'animale. La presenza di cavità pneumatiche nella coda e nel bacino dei diplodocimorfi, molto simili a quelle che osserviamo nelle ossa degli uccelli, è quindi una prova molto valida, sebbene indiretta, che anche i dinosauri (almeno i saurischi) avessero un sistema complesso di sacchi aerei (comprendente sia sacchi toracici che addominali) e che esso fosse coinvolto nella ventilazione del polmone come avviene negli uccelli di oggi.

La storia dei diplodocimorfi si estende dall'inizio del Giurassico Medio (170 milioni di anni fa) fino alla metà del Cretacico (90 milioni di anni fa), con la maggioranza delle specie note collocabili dentro tre gruppi principali: Rebbachisauridae, Dicraeosauridae e Diplodocidae. La documentazione dei tre gruppi nello spazio e nel tempo non è uniforme. Inoltre, il numero crescente di nuove scoperte, specialmente in regioni fino ad ora poco esplorate, sta rivoluzionando la storia e l'interpretazione evoluzionistica di questi dinosauri. L'idea che avevamo sui tempi e luoghi dell'evoluzione sauropode sta cambiando rapidamente e in modo anche inatteso. Ad esempio, la recente scoperta di un dicreosauride in livelli cinesi dell'inizio del Giurassico Medio (l'età potrebbe essere spostata anche più indietro nel tempo, alla fine del Giurassico Inferiore) non solo ha documentato per la prima volta la presenza di questo gruppo di diplodocimorfi in Asia (prima, Dicraeosauridae era noto unicamente in

Africa e nelle Americhe) ma ha collocato l'origine di questa linea (e, implicitamente, anche quella di Rebbachisauridae e Diplodocidae, nonché dell'intero Neosauropoda) ben prima di quanto si ritenesse, contemporaneamente al momento di comparsa di molti altri gruppi di dinosauri (in particolare, i grandi teropodi di tipo carnosauriano). Pare sempre più chiaro che l'origine della maggioranza dei "gruppi classici" di dinosauri, tipici della fine del Giurassico e del Cretacico, sia da collocare ben prima della seconda metà del Giurassico (momento in cui, tradizionalmente, essi parevano comparire nella documentazione fossile), in un "Big Bang dei dinosauri" avvenuto al passaggio dal Giurassico Inferiore al Medio (tra 190 e 170 milioni di anni fa). Paradossalmente, quella fase è ancora oggi l'intervallo di tempo meno documentato dell'intera storia dinosauriana, ed è quindi la fase più promettente per capire e definire meglio l'evoluzione dell'intero gruppo.

Sebbene i dati (sia diretti che indiretti) portino a collocare l'origine dei tre rami di Diplodocimorpha alla base del Giurassico Medio, la durata dei tre gruppi non fu la medesima (perlomeno, in base alla documentazione nota finora). I diplodocidi mostrano una straordinaria diversità di specie alla fine del Giurassico di Nord America, Europa occidentale e Africa orientale, per poi scomparire rapidamente all'inizio del Cretacico (130 milioni di anni fa), quando solo una singola specie è documentata in Sud America (regione dove, paradossalmente, il gruppo non è invece noto nel Giurassico). I dicreosauridi hanno una documentazione meno esuberante dei diplodocidi, e, ad eccezione della recente scoperta cinese che ha retrodatato l'origine del gruppo, essi sono noti tra la fine del Giurassico e la metà del Cretacico Inferiore (150-120 milioni di anni fa), principalmente in Africa e Sud America. Essi paiono quindi persistere una decina di milioni di anni in più dei diplodocidi. Le specie note hanno dimensioni adulte alquanto moderate per un sauropode, non superando la ventina di metri di lunghezza. In alcune forme del Cretacico sudamericano, le vertebre del collo hanno sviluppato enormemente i processi spinali, realizzando una esuberante schiera di proiezioni ossee la cui funzione in vita è dibattuta. Meno spettacolari, ma non meno estremi nelle proprie specializzazioni, sono i rebbachisauridi. In almeno un genere, *Nigersaurus*, il cranio ha difatti raggiunto il livello massimo di quelle specializzazioni del muso e della dentatura che, in vario grado, abbiamo visto caratterizzare tutti i neosauropodi ed i diplodocimorfi in particolare. Inoltre, le vertebre in questo gruppo raggiungono una geometria estrema nel grado di elaborazione delle laminazioni, in alcuni casi estese come veri e propri foglietti di ossa sottesi quasi come drappeggi tra le impalcature principali delle ossa. Questi sauropodi, la cui linea si separa precocemente da quella che porta a diplodocidi e dicreosauridi, finora non hanno portato prove dirette della loro storia giurassica (tranne – forse – un fossile controverso al quale dedicherò parte di un prossimo capitolo), e sono noti principalmente nella prima metà del Cretacico in Europa occidentale, Africa e Sud America, a partire da circa 130 milioni di anni fa. Essi sono noti fino a circa 90 milioni di anni fa, associati ai "triumvirati" teropodi (vedere il Primo Volume) dei continenti meridionali, per poi estinguersi assieme ai loro probabili predatori. Per ora, non abbiamo prove di diplodocimorfi negli ultimi 25 milioni di anni del Mesozoico, periodo durante il quale si assiste invece alla spettacolare diversificazione dei macronari titanosauri, gli unici sauropodi a persistere fino alla fine dell'era.

Dei tre rami di Diplodocimorpha, quello più noto al grande pubblico è proprio l'eponimo del gruppo, Diplodocidae. Sono diplodocidi due dei dinosauri più famosi, *Diplodocus* e *Brontosaurus*, questo ultimo probabilmente il contendente più legittimo al trono di "dinosauro iconico" assieme a *Tyrannosaurus*. La notorietà dei diplodocidi li ha resi di fatto "i sauropodi per definizione", l'archetipo anatomico sopra il quale è plasmata l'immagine popolare di questi dinosauri. In realtà, è probabile che l'immagine popolare del sauropode, nata sì a partire dalla scoperta di scheletri molto completi di diplodocidi alla fine del XIX Secolo, abbia poi preso una propria strada indipendente, che ha progressivamente deviato rispetto al percorso compiuto dal diplodocide scientifico che emergeva mano a mano che le scoperte e gli studi si accumulavano. Per comprendere e chiarire come il sauropode "popolare" abbia progressivamente deragliato rispetto a quello "scientifico", è necessario ripercorrere la curiosa (e sovraesposta) storia del *concetto* di *Brontosaurus*. La vicenda è stata narrata più volte, sia nei libri di divulgazione che online, sebbene sovente in modo improprio, mescolando e sovrapponendo episodi e concetti distinti e relativi a tematiche paleontologiche o tassonomiche non necessariamente collegate.

In una nota del 1877 (la medesima in cui è battezzato il teropode *Allosaurus fragilis*), il paleontologo statunitense O.C. Marsh introduce un nuovo genere (e relativa specie) di dinosauro gigante, basato su uno scheletro "in eccellente conservazione" dal Giurassico delle Montagne Rocciose, al quale Marsh dà il nome di *Apatosaurus ajax*. Nel gennaio del 1879, Marsh darà una caratterizzazione più precisa di questa specie, descrivendone le peculiarità nello scheletro della regione pettorale e della regione sacrale. Nel dicembre dello stesso anno, sempre Marsh introduce un secondo genere (e relativa specie) di dinosauro gigante, riferito al neonato gruppo dei sauropodi da lui istituito, e basato su un secondo scheletro al quale è dato il nome di *Brontosaurus excelsus*. Marsh distingue questi due dinosauri giganti per alcune caratteristiche, in particolare il numero delle vertebre che, fuse tra loro, formano la zona sacrale a cui si articola il bacino: quattro vertebre in *A. ajax* e cinque vertebre in *B. excelsus*.

Vista dalla prospettiva contemporanea, in cui l'istituzione di una specie fossile è regolata da una serie più articolata di norme e criteri, la liberalità con cui Marsh e gli altri paleontologi del suo periodo istituivano nuove specie quasi da ogni nuovo esemplare che rinvenivano, spesso in base a caratteristiche anatomiche che non necessariamente sono il prodotto di processi evolutivi bensì l'espressione della variabilità individuale all'interno di una medesima popolazione, può far sorridere. La necessità di operare una revisione ed eventualmente sfrondare il folto albero delle specie di dinosauro appena istituite, identificando quelle definite in modo solido e attendibile e rimuovendo quelle dalla definizione debole, era stringente già pochi decenni dopo i lavori di Marsh. All'inizio del XX Secolo, il paleontologo statunitense E.S. Riggs prende l'intera pletora dei sauropodi nordamericani istituiti fino a quel momento e confronta le loro caratteristiche, in particolare la morfologia delle ossa che formano la regione sacrale. Riggs osserva che il numero delle ossa fuse nel sacro varia con il grado di maturità degli esemplari, con gli individui più giovani che tendono ad avere quattro vertebre fuse tra loro contro le cinque degli esemplari più anziani: la quinta vertebra che fonde tardivamente nella serie sacrale non è altro che l'ultima vertebra del torace, posizionata appena davanti le quattro vertebre del sacro giovanile. Riggs nota che le quattro vertebre che formano il sacro dell'esemplare battezzato da Marsh "*Apatosaurus ajax*" corrispondono alla seconda, terza, quarta e quinta vertebra del sacro dell'esemplare battezzato da Marsh "*Brontosaurus excelsus*", ovvero, che i due tipi di conformazione sacrale sono solamente due differenti stadi di crescita del medesimo assetto. Riggs quindi conclude che la caratteristica usata da Marsh per distinguere il sacro "alla *Brontosaurus*" dal sacro "alla *Apatosaurus*" non sia valida per separare delle categorie tassonomiche, ma solo gli stadi di crescita, e conclude quindi che i due generi, *Apatosaurus* e *Brontosaurus*, siano in realtà il medesimo genere. Pertanto, afferma Riggs, dato che il nome "*Apatosaurus*" fu coniato per primo (nel 1877, due anni prima di "*Brontosaurus*") esso ha la priorità come legittimo nome del genere al quale appartengono quegli esemplari. Di conseguenza, conclude Riggs, "*Brontosaurus*" è un sinonimo, un termine ridondante per chiamare ciò che ha già un nome, *Apatosaurus*.

Prima di procedere con la saga di *Brontosaurus*, è necessario rimarcare un dettaglio che sovente viene dimenticato, ma che è rilevante per dipanare la vicenda: Riggs non affermò che *Brontosaurus excelsus* (la specie battezzata da Marsh nel 1879) sia un sinonimo di *Apatosaurus ajax* (la specie battezzata da Marsh nel 1877), ma solamente che *Brontosaurus* (il genere) sia sinonimo di *Apatosaurus* (il genere): a rileggere Riggs, le due specie sono distinte (sebbene egli concluda che la specie *excelsus* sia un sinonimo di un'altra specie di *Apatosaurus*, *Apatosaurus laticollis*, questa a sua volta è considerata distinta da *A. ajax*). Ovvero, riducendo la questione all'osso, Riggs concede a Marsh l'istituzione di due specie di sauropode, distinte, "*ajax*" ed "*excelsus/laticollis*", ma mentre Marsh considera le due specie riferibili a due generi distinti (*Apatosaurus* e *Brontosaurus*), per Riggs il genere è uno solo, che comprende entrambe le due specie (*Apatosaurus ajax* e *Apatosaurus laticollis*, questo ultimo comprendente anche l'esemplare "*excelsus*"). Pertanto, Riggs non revisionò in modo drammatico le specie di Marsh, ma si limitò a ridurre il numero dei generi validi. L'abolizione del genere *Brontosaurus*, operata da Riggs, fu seguita quasi universalmente dai successivi paleontologi, fino agli anni recenti. In uno studio molto dettagliato sulla diversità dei diplodocimorfi, pubblicato pochi anni fa, gli autori concludono che le differenze tra *Apatosaurus ajax* e *Apatosaurus excelsus* siano comunque tali da giustificare una loro separazione a livello di genere, e di fatto hanno "riesumato" *Brontosaurus* come nome valido e distinto da *Apatosaurus*.

Se non fosse per il clamore mediatico legato ad un nome divenuto iconico come *Brontosaurus*, tutta questa vicenda di revisioni di nomi e di generi sarebbe rimasta limitata ad una ristrettissima cerchia di studiosi di sauropodi. Revisioni di questo tipo avvengono di frequente in tassonomia, e non destano alcun clamore nel pubblico, il quale raramente è introdotto alle complesse (a tratti bizantine) norme della nomenclatura zoologica. Ma "*Brontosaurus*", come ho accennato prima, è un nome che ha deviato rapidamente dalla stretta e arida cerchia dei tassonomi ed è tracimato nel ben più ampio universo dei miti paleontologici popolari. Nonostante la revisione di Riggs, difatti, il nome *Brontosaurus* ha continuato a persistere per molti decenni a livello popolare, grazie alla autorità di alcuni importanti paleontologi, che, ignorando il lavoro di Riggs, hanno persistito nell'usare il nome *Brontosaurus* per la specie *excelsus*. Fissandosi nell'immaginario popolare come "l'archetipo del sauropode" il brontosauro ha quindi trovato nel mondo della divulgazione e della museologia quello spazio che gli era stato tolto in modo formale in tassonomia.

Più di un lettore a questo punto si sta domandando quale sia la soluzione della questione: quindi, *Brontosaurus* esiste o non esiste? Il nome è valido oppure no? La risposta, brutalmente, è che le due domande non hanno senso, perché il nome "*Brontosaurus*" è relativo a un concetto artificiale ed arbitrario, quello di "genere", concetto che esiste solo nella mente degli uomini sotto certe condizioni culturali, quelle della tassonomia zoologica creata da Linneo nel XVIII Secolo, ed adottata negli ultimi secoli da buona parte dei biologi. Di conseguenza, sia "*Brontosaurus excelsus*" che "*Apatosaurus excelsus*" sono termini legittimi per riferirsi alla specie fossile istituita da Marsh nel 1879. Fintanto che considerate "*excelsus*" una specie di sauropode valida e distinta da *Apatosaurus ajax*, siete legittimati a usare il nome di genere che più si aggrada al vostro personale "concetto di genere". Avete una concezione "lassa" di cosa sia un *Apatosaurus*? Essa includerà la specie *excelsus*. Avete una concezione "conservativa" di cosa sia un *Apatosaurus*? Essa non comprenderà "*excelsus*", il quale è quindi da chiamare "*Brontosaurus*". Quale opzione è corretta? Entrambe e nessuna delle due, in quanto entrambe puramente arbitrarie e soggettive: i "generi" non sono "oggetti reali" ma mere categorie per etichette prodotte dalla mente, la cui corrispondenza con il mondo reale è definita dal criterio con cui noi li applichiamo. Siccome il "genere" non è un fenomeno naturale ma solo una categoria della mente umana, categoria figlia di una filosofia di classificazione per giunta ormai superata (il fissismo tipologico linneano), non è possibile stabilire un criterio univoco, oggettivo e replicabile con cui legare un insieme di specie biologiche dentro una qualsivoglia categoria di "livello generico". Qualsiasi approccio quantitativo, algoritmico e formalizzato voi introduciate per "definire i generi", esso è arbitrario e del tutto soggettivo, proprio perché, in Natura, i "generi" non hanno alcun senso biologico: essi esistono solo nella nostra testa plagiata da secoli di filosofia tassonomica linneana. La tassonomia può funzionare benissimo anche senza l'introduzione dei concetti di "genere", "famiglia" e qualsivoglia altra categoria linneana. Anzi, funziona anche meglio perché libera da questioni inutili e inconcludenti quali quella che sto raccontando qui. Un insieme di specie imparentate non "acquisisce" uno status naturale di "genere" in modo automatico né auto-evidente: siamo noi che, per un desiderio di ordine e gerarchia, imponiamo (molto arbitrariamente) che determinati pacchetti di specie siano tutti accomunati dall'essere etichettati come "generi". Ma, lo ripeto, tali etichette non definiscono processi naturali, ma solo nostre strutture interpretative soggettive e contingenti, a loro volta figlie di filosofie oggi superate. In estrema sintesi, la peculiare diatriba sui nomi *Brontosaurus* e *Apatosaurus* non è paleontologica, dato che non riguarda elementi biologici oggettivi di questi fossili ma solo filosofie alternative su come attribuire nomi a pacchetti di specie imparentate.

La vicenda di *Apatosaurus* e *Brontosaurus* è ormai un classico della mitologia dinosaurologica popolare. Il mito del nome, iterato in varie forme tramite differenti mezzi di comunicazione (a loro volta, indirizzati a differenti tipi di lettore) ha subìto delle mutazioni ed ibridazioni con altri episodi legati alla storia degli studi su questi dinosauri, creando una bizzarra chimera nella quale le traversie della tassonomia (come e perché il nome *Brontosaurus* sia stato considerato ridondante con *Apatosaurus* oppure legittimo vessillo di una cerchia di diplodocidi imparentati con *Apatosaurus* ma distinti da questo ultimo) sono correlate con differenti interpretazioni sulla morfologia del cranio di questo dinosauro. Anche in questo caso, la storia effettiva è alquanto banale (lo dico con rispetto) e ricorrente in paleontologia. Se non fosse stata incorporata nella mitologia sul nome di *Brontosaurus*, la vicenda sarebbe passata inosservata alla grande maggioranza del pubblico. Molto succintamente, i primi resti di apatosaurini (il gruppo comprendente i fossili ai quali sono stati dati i nomi di *Apatosaurus* e *Brontosaurus*), inclusi gli esemplari che Marsh ha usato per istituire *A. ajax* e *B. excelsus*, non avevano preservato il cranio. Nelle primissime ricostruzioni complete di questi animali, pertanto, i paleontologi hanno usato il cranio di altri sauropodi per completare la ricostruzione di questi animali (in particolare, per l'immagine iconica di *Brontosaurus*). All'inizio del XX Secolo, due ricostruzioni alternative furono proposte dai paleontologi: *Brontosaurus* fu ricostruito con un cranio simile a quello di certi macronari (come *Camarasaurus*) oppure con un cranio simile a quello di *Diplodocus* (come accennato all'inizio del capitolo, quel cranio è oggi riferito a *Galeamopus*). Tenete presente che un secolo fa non era ancora chiara la distinzione tra macronari e diplodocimorfi, quindi non esisteva un criterio testabile per supportare una ricostruzione rispetto ad un'altra. La seconda opzione risulterà confermata definitivamente solo negli anni '70 del secolo scorso, con la scoperta e identificazione di crani ben conservati di *Apatosaurus* (nome al quale, ripeto, era ormai convenzionalmente riferito anche il materiale inizialmente chiamato "*Brontosaurus*"). Tuttavia, l'opzione alternativa ebbe una sua dignità e legittimazione sopratutto a metà del secolo, in particolare tramite alcune delle rappresentazioni popolari più note e replicate, e che hanno più o meno ispirato buona parte della successiva letteratura popolare.

In certa letteratura divulgativa (e online) si è affermata l'abitudine a combinare la diatriba "nominalistica" tra *Apatosaurus* e *Brontosaurus* con la discussione anatomico-comparata su quale cranio fosse più adatto a ricostruire gli apatosaurini (ovvero, se questi animali avessero un cranio "alla *Diplodocus* [oggi, cranio alla *Galeamopus*]" oppure "alla *Camarasaurus*"). L'associazione dei due temi può indurre implicitamente a considerate l'abbandono del nome *Brontosaurus* nel XX Secolo come legato all'affermazione della ricostruzione "cranio alla *Diplodocus* [oggi, cranio alla *Galeamopus*]". Eppure, i due dibattiti non sono legati né si influenzarono a vicenda durante i rispettivi svolgimenti: *Brontosaurus* può essere considerato un nome valido (e tale considerazione, ripeto, è del tutto soggettiva ed arbitraria) anche nel caso che il suo cranio sia simile a quello di *Diplodocus* [oggi, cranio alla *Galeamopus*] piuttosto che ricordare *Camarasaurus* (e questa, invece, è una opzione non arbitraria né soggettiva, ma si basa su prove fossili dirette). I nomi da usare ed i crani con i quali ricostruire questi animali non sono in alcun modo collegati da qualche bizzarra alchimia o destino.

Capitolo nono
Titani

Nel retro del Numero 50 de "La Domenica del Corriere" (il supplemento del "Corriere della Sera") del 12 Dicembre 1937, l'illustratore Achille Beltrame ci conduce nella sala principale del *Naturkundemuseum* di Berlino. Al centro della scena troneggia una figura colossale, lo scheletro di un enorme dinosauro. Vediamo la folla di visitatori accalcata attorno al piedistallo su cui si erge l'animale preistorico, la cui dimensione, letteralmente sovrumana, è rimarcata dallo scheletro umano installato a fianco del rettile, e che a malapena arriva con il proprio teschio a livello del gomito del "mostro". Il dinosauro si erge fiero, nonostante la postura lievemente divaricata delle sue lunghe zampe anteriori, e protende la testa, posta al termine di un collo affusolato, verso il soffitto, ad una dozzina di metri dal pavimento. Uno stendardo rosso con al centro la svastica, nella parete che fa da sfondo allo scheletro, ci ricorda che siamo a metà degli anni '30, all'apogeo del nazismo in Germania.
La didascalia de "La Domenica del Corriere" recita:

> Lo scheletro del più grande animale terrestre che sia mai esistito, il brachiosauro, è stato scoperto da uno scienziato in Africa, nel Tanganika, e, accuratamente ricomposto, è visibile ora in un museo di Berlino. Il mostro, vissuto in epoca che si ritiene anteriore alla comparsa dell'uomo, misurava 23 metri dalla testa alla coda, era alto quasi 12 metri. Il suo collo era lungo circa nove metri!

Come spesso accade con le versioni giornalistiche, la didascalia è semplicistica ed enfatica, votata più all'effetto che alla trasposizione puntuale dei fatti. Come in altri casi analoghi, lo scheletro esposto a Berlino non è costituito da un singolo esemplare, ma dai resti di più individui, estratti durante una serie di scavi nella allora colonia germanica dell'Africa Orientale Tedesca, tra il 1909 ed il 1912. Nel 1914, il paleontologo tedesco W.E.M. Janensch riferirà tutti questi resti ad una nuova specie di sauropode: *Brachiosaurus brancai*. Il genere *Brachiosaurus* era stato istituito un decennio prima a partire da resti meno completi scoperti nei medesimi livelli giurassici degli Stati Uniti da cui provengono i famosi diplodocidi incontrati nel precedente capitolo. Il brachiosauro berlinese, recentemente restaurato secondo le più recenti interpretazioni anatomiche, che hanno dato ancora più eleganza e fierezza al già possente montaggio di Janensch, è ormai da un secolo universalmente riconosciuto come il più grande scheletro di dinosauro (e di animale terrestre) al mondo: sebbene negli ultimi trenta anni abbiamo scoperto specie di sauropodi persino più grandi, nessuna di queste è basata su materiale sufficientemente completo per produrre una ricostruzione accurata come quella che possiamo ammirare nella capitale tedesca.

Brachiosaurus è celebre per le proporzioni dei suoi arti, che lo differenziano nettamente da tutti i sauropodi incontrati finora: l'arto anteriore è più lungo del posteriore (il nome "*Brachiosaurus*" significa, letteralmente, "rettile braccio"), conseguenza dell'allungamento dei vari elementi che formano la zampa, in particolare l'omero e le ossa del palmo (i metacarpali). Inoltre, il cranio di questo sauropode ha una forma molto caratteristica, dovuta alla inusuale conformazione delle ossa nasali, che descrivono una ampia curvatura al di sopra del resto del cranio e delimitano delle narici esterne molto ampie. Sebbene non sempre siano manifestate al grado estremo di *Brachiosaurus*, queste caratteristiche peculiari (espansione della narice esterna e allungamento delle ossa dell'arto anteriore) sono condivise con un gran numero di altri sauropodi, in particolare con la maggioranza di quelli del Cretacico (da 140 a 66 milioni di anni fa). Questo gruppo, l'unico a persistere nella seconda metà del Cretacico (da 90 milioni di anni fa fino alla fine del Mesozoico) forma l'altro ramo principale di Neosauropoda, contrapposto a Diplodocimorpha, ed è chiamato Macronaria. Il nome (letteralmente, "grande narice") fa riferimento alla peculiare espansione della narice esterna tipica di questi sauropodi, nei quali l'apertura nasale può ampliarsi superando persino le orbite oculari in diametro, arrivando in alcune linee, come i brachiosauridi, a sovrastare il tetto del cranio. L'espansione della narice nei macronari rappresenta il culmine di una tendenza molto antica presente in tutti i sauropodomorfi, i quali fin dalle prime specie triassiche sono caratterizzati da aperture nasali in proporzione più ampie di quelle tipiche degli altri dinosauri. Le cause dell'allargamento della narice (in tutti i sauropodomorfi, e in forma estrema nei macronari) potrebbero essere adattative, legate a una qualche funzione della narice, oppure essere meramente "strutturali", ovvero una conseguenza geometrica della riduzione delle dimensioni della testa in questi animali (vedere i primi capitoli). Nel primo caso, si ritiene che l'aumento della dimensione della cavità nasale possa essere un adattamento legato a qualche funzione respiratoria (ad esempio, aumentare l'efficienza nella regolazione della temperatura e dell'umidità dell'aria inspirata) oppure sensoriale (ad esempio, incrementare la superficie ricoperta dalle cellule sensoriali dell'olfatto). Nel secondo caso, l'aumento relativo della dimensione della narice sarebbe solamente un effetto collaterale della riduzione delle dimensioni del cranio: ovvero, con la riduzione della dimensione della testa nei sauropodomorfi, la narice si sarebbe ridotta in proporzione *meno* del resto del cranio, risultando quindi "allargata" rispetto alla dimensione della testa. Non si può escludere che le due spiegazioni (quella adattativa e quella strutturale) siano entrambe valide, e che nei sauropodomorfi le conseguenze strutturali della riduzione della dimensione assoluta della testa abbiano favorito le funzioni legate alla narice, la quali, a loro volta, avrebbero favorito ulteriori espansioni della dimensione della narice nei macronari.

Altro elemento chiave per comprendere la biologia e l'evoluzione dei macronari è dato dalle proporzioni degli arti anteriori, che sono relativamente allungati rispetto alle proporzioni negli altri sauropodi. Senza spingersi all'estremo dato dai brachiosauridi, anche gli altri macronari hanno avambraccio e ossa della parte iniziale della mano (il palmo) che allungano la zampa anteriore fin quasi ad eguagliare in lunghezza quella posteriore. Le proporzioni allungate nell'arto portano la parte anteriore del torace ad essere relativamente sollevata e inclinata in alto rispetto alla postura più orizzontale degli altri sauropodi. Combinato con il lungo collo, ciò comporta una maggiore escursione verso l'alto della testa, con conseguente ampliamento in verticale della zona di vegetazione che può essere foraggiata. Abbiamo visto nel precedente capitolo che la forma del muso e della dentatura sono legate alle preferenze alimentari ed alla zona di foraggiamento preferita da un sauropode. Foraggiatori in verticale, che sfruttano anche le fronde più alte degli alberi, tendono ad avere musi più stretti dei brucatori generalisti che si nutrono sopratutto di piante basse e di fronde a livello del terreno. Non stupisce quindi che i macronari non abbiano evoluto i musi estremamente squadrati e le dentature "a rastrello" estese solamente sulla punta della bocca sviluppate tra i diplodocimorfi, conservando crani dalla foggia più classica (per un eusauropode) e meno aberrante.

Un gruppo di macronari si distingue per le numerose innovazioni anatomiche che ha acquisito e per il non marginale dettaglio di essere l'unico ramo di Sauropoda a raggiungere la fine dell'Era Mesozoica. Questo ramo, i cui rappresentanti noti sono quasi unicamente di età cretacica, è anche il più rigoglioso e diversificato dell'intera stirpe sauropodomorfa, con almeno una cinquantina di specie valide: i titanosauri. L'abbondanza di specie, note sopratutto dai continenti dell'emisfero meridionale, spesso tramite resti non molto completi, ha reso complicata la risoluzione delle loro relazioni reciproche. Attualmente, non esiste un consenso ampio tra gli studiosi su quale sia la struttura genealogica particolare di Titanosauria, sebbene sia ormai consolidato il quadro generale delle principali tendenze evolutive all'interno del gruppo. Le stesse affinità dei titanosauri con il resto di Sauropoda sono state oggetto negli ultimi trenta anni di revisioni significative, dato che il gruppo, originariamente, era considerato parte di Diplodocimorpha, col quale condivide alcune caratteristiche nella dentatura e nella forma del muso. Oggi, le somiglianze dei titanosauri con i diplodocimorfi sono considerate il frutto di un'evoluzione parallela, probabilmente spinta da analoghe tendenze nell'ecologia, che hanno indirizzato questi macronari cretacici ad acquisire una dieta simile a quella dei diplodocimorfi.

Il successo dei titanosauri è manifestato dall'ampia diversità di dimensioni corporee presenti tra le specie del gruppo, che spazia per l'intero spettro realizzato da tutti gli altri sauropodi: da dimensioni "modeste", paragonabili a quelle di un odierno elefante, fino a giganti lunghi più di trenta metri e con masse stimate in oltre una cinquantina di tonnellate. Sebbene i titanosauri siano sovente menzionati per le dimensioni colossali di molte specie del gruppo, il proliferare delle specie di dimensioni "modeste" (per gli standard dei sauropodi) è probabilmente la prova più concreta del loro successo. In contesti caratterizzati da dinosauri predatori di dimensioni medio-grandi, come allosauroidi e abelisauridi (vedere il Primo Volume), l'abbondanza di sauropodi di dimensioni comparabili a quelle dei loro potenziali predatori implica che, in qualche modo, questi dinosauri fossero in grado di controbilanciare la pressione predatoria con successo anche senza la "protezione" del gigantismo.

Alcuni elementi dell'anatomia titanosauriana potrebbero essere legati alla co-evoluzione con i loro predatori, effetti della Corsa agli Armamenti. Un gruppo molto numeroso di titanosauri è caratterizzato dall'essere dotati di osteodermi, ovvero di placche ossee protettive che rinforzavano la pelle del dorso e dei fianchi. Questi osteodermi, simili a quelli di altri dinosauri corazzati, sono chiaramente un adattamento anti-predatorio. Curiosamente, la maggioranza dei titanosauri "corazzati" proviene da associazioni faunistiche in cui sono presenti gli allosauroidi carcarodontosauridi o gli abelisauridi, due gruppi di teropodi che, abbiamo visto nel Primo Volume, avevano evoluto delle protezioni ossee nel muso e nella zona degli occhi: l'idea che le protezioni sulla testa dei predatori e le corazze delle prede siano uno la risposta adattativa all'altro è molto suggestiva e meriterebbe un'indagine rigorosa.

Altro elemento peculiare dell'anatomia dei titanosauri, che potrebbe essere legato alla pressione predatoria, è dato dalla conformazione delle zampe e al modo con cui gli arti erano impiantati rispetto al corpo. A differenza di tutti gli altri sauropodi, che conservano la classica postura "stretta" degli arti proiettati sotto il corpo (retaggio dei primissimi dinosauri), nei titanosauri le zampe, sopratutto le posteriori, sono impiantate su un cinto molto ampio, e sono orientate in modo più divaricato. Questa innovazione anatomica, detta "scartamento ampio" delle zampe, è uno dei pochi adattamenti scheletrici dei dinosauri che può essere identificata anche a livello di impronte: una pista di orme

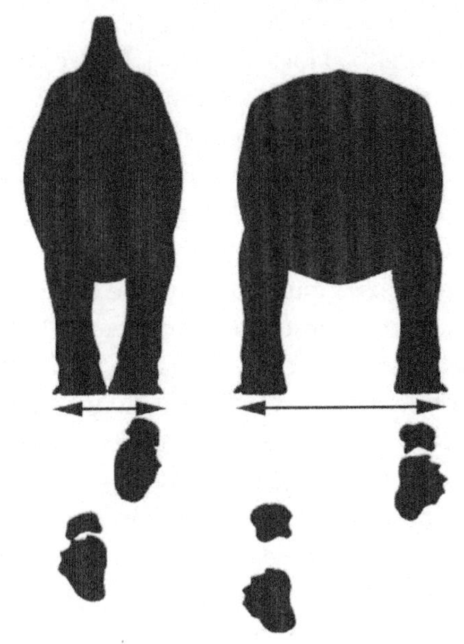

Postura e impronte di sauropode "classico" (a sinistra) e di titanosauro con "scartamento ampio" (a destra).

titanosauriane è difatti riconoscibile poiché più ampia (ovvero, la distanza tra orma destra e sinistra è maggiore in relazione all'asse centrale dell'andatura) rispetto a quelle degli altri dinosauri. Questa innovazione anatomica è generalmente associata all'evoluzione del gigantismo, poiché migliora la stabilità dell'animale e l'efficienza nello scarico della forza peso. Tuttavia, essa è presente anche nei titanosauri di dimensioni "modeste", per i quali, apparentemente, un simile adattamento non parrebbe necessario (e difatti, non si presenta in altri dinosauri, non titanosauri, pur di dimensioni maggiori), mentre non è stata acquisita da altri gruppi di sauropodi giganti.

La presenza di questo impianto degli arti in animali non giganteschi potrebbe essere un adattamento per migliorare la stabilità dell'animale rispetto agli attacchi dei predatori? Se la strategia dei teropodi nei confronti dei sauropodi comportasse un attacco diretto e "brutale" (come delineato nel Primo Volume), la contromossa di questi sauropodi potrebbe essere stata di rendere i loro corpi molto ben "piantati per terra" e difficilmente sbilanciabili. Il *mix* di corazzatura osteodermica e "impianto ampio" degli arti ci trasmette un'immagine molto solida e bellicosa di questi animali, lontana dallo stereotipo passivo e (letteralmente) rammollito a cui – fin dall'ottocento – sono solitamente associati i sauropodi rispetto ai loro predatori. In alternativa, la maggiore stabilità nell'impianto degli arti nei titanosauri potrebbe indicare una maggiore diversità e versatilità nelle posture che l'animale poteva assumere e che, nel caso delle specie di dimensioni più ridotte, potrebbe persino includere una qualche forma di bipedismo occasionale (analoga a la postura che gli elefanti assumono per raggiungere i rami più alti).

Le vertebre sono le ossa più caratteristiche dei titanosauri, e spesso rappresentano l'unica parte conosciuta di una specie. I titanosauri sono caratterizzati da una progressiva riduzione delle lamine ossee che formano la superficie *esterna* delle vertebre, e da un aumento nella complessità della pneumatizzazione *interna* delle vertebre stesse. I due fenomeni hanno la medesima causa biologica, l'espansione dei sacchi aerei del sistema respiratorio nello scheletro (che scavano la superficie esterna, producendo fosse bordate da laminazioni, e penetrano l'osso stesso, producendo le pneumatizzazioni interne). Pertanto, è plausibile che i titanosauri siano andati incontro ad una riorganizzazione dei sacchi aerei, con conseguente riduzione della interazione "superficiale" tra ossa e tessuto respiratorio, sostituita da una più intima connessione tra i due elementi.

Le peculiarità delle vertebre nei titanosauri sono tali che il gruppo è identificabile anche disponendo solamente di ossa singole. Ad esempio, i primi resti ossei di sauropodomorfi rinvenuti in Italia sono stati scoperti pochi anni fa nel Lazio. Il materiale, risalente alla metà del Cretacico (120-

100 milioni di anni fa), consiste di due frammenti ossei di difficile identificazione associati ad una vertebra quasi completa. La morfologia del terzo osso non lascia dubbi sulla sua identificazione: si tratta di una vertebra della parte anteriore della coda di un sauropode titanosauro. In molti casi, non è possibile identificare un gruppo di dinosauri con tale dettaglio disponendo solamente di una vertebra della coda. Per nostra fortuna, le vertebre della coda dei titanosauri hanno una morfologia peculiare, unica e caratteristica, che le rende immediatamente riconoscibili. La storia del primo titanosauro italiano in parte ricorda quella del primo titanosauro scoperto al mondo.

Il primissimo genere di titanosauro battezzato, nel 1877, è proprio l'eponimo del gruppo: *Titanosaurus*. Esso fu definito a partire da una singola vertebra della coda rinvenuta in livelli indiani della fine del Cretacico (70 milioni di anni fa): la forma dell'osso era così particolare e distintiva che bastò quel singolo esemplare per battezzare un nuovo genere di dinosauro. Col procedere delle scoperte, durante il XX Secolo, i paleontologi realizzarono che la peculiare morfologia delle ossa della coda che caratterizza *Titanosaurus* non era limitata a quel solo genere, ma era bensì ampiamente diffusa in molti altri sauropodi del Cretacico. A quel gruppo, quindi, fu dato il nome di titanosauri. Il riconoscimento che numerosi generi differenti di sauropode fossero accomunati da una stessa morfologia delle ossa della coda, tuttavia, fu fatale per il destino tassonomico del primo membro ricosciuto di quel gruppo, *Titanosaurus* stesso. Difatti, ora il genere *Titanosaurus*, che, ripeto, era stato definito a partire da un singolo osso della coda, non era più distinguibile dalle dozzine di altri titanosauri con la medesima morfologia delle vertebre della coda. Quella che, nel 1877, pareva una condizione esclusiva di un singolo genere, ora era chiaramente una condizione molto più generale (con un gioco di parole, più generale di un genere). *Titanosaurus* era quindi spogliato della sua peculiarità e risultava "nudo" dal punto di vista della tassonomia: pur riconoscendo che quella prima vertebra indiana apparteneva ad un sauropode con la morfologia titanosauriana, quella stessa vertebra, da sola, non era sufficientemente caratteristica – all'interno dei titanosauri – per permettere di identificare e distinguere *Titanosaurus* dagli altri titanosauri. Difatti, oggi, pur mantenendo valido il nome "titanosauro" per questo gruppo di sauropodi caratterizzati (tra l'altro) da peculiari ossa della coda, si tende a non utilizzare il nome *Titanosaurus* per riferirsi ad un particolare genere, dato che, brutalmente, le caratteristiche usate per identificare quel genere sono oggi caratteri diagnostici di un gruppo ben più ampio e diversificato. Il fenomeno, tipico della tassonomia, per cui una morfologia inizialmente ritenuta tipica di una singola specie (o genere), risulta in seguito essere caratteristica di un ben più ampio insieme di specie, è detta "obsolescenza" (era stata menzionata per la caratteristica che fonda il nome "*Diplodocus*"). *Titanosaurus* è caduto in obsolescenza, dato che le sue caratteristiche diagnostiche ora definiscono l'intero Titanosauria e non solo lui. L'obsolescenza, paradossalmente, è una conseguenza inevitabile del progresso della conoscenza: è destino di specie o generi definiti da un particolare insieme di caratteristiche di "dissolversi" tassonomicamente qualora i suoi caratteri diagnostici cadano in obsolescenza e siano riconosciuti essere presenti in un ben più ampio insieme di specie.

Capitolo decimo
Fragillime estrapolazioni

In una nota del 1878, il paleontologo E.D. Cope riporta di aver ricevuto dal suo "infaticabile amico" O.W. Lucas (uno dei suoi cercatori di fossili di fiducia) parte di una vertebra del "più grande sauro che abbia mai visto". La storia di questa singola (e nemmeno completa) vertebra gigante, rinvenuta in livelli giurassici del Colorado, è ormai entrata nella mitologia paleontologica, più per il destino occorso a questo fossile che per le sue straordinarie dimensioni. A parte la nota di Cope del 1878 e brevi accenni tra la fine del XIX e l'inizio del XX Secolo, non esiste altra documentazione di questo esemplare, il quale, apparentemente, avrebbe dovuto essere trasferito al Museo di Storia Naturale di New York ma di cui, già dagli anni '20 del secolo scorso, non vi è più traccia. L'unica illustrazione del fossile ci mostra buona parte dell'arco neurale di una vertebra del dorso di un sauropode, vagamente simile a quelle dei diplodocidi nelle proporzioni e nello sviluppo delle laminazioni, e che, prestando fede alle parole di Cope e alle misure riportate nella nota del 1878, apparterrebbe ad un animale colossale, grande almeno una volta e mezzo il celebre *Diplodocus* esposto nei musei di mezzo mondo.

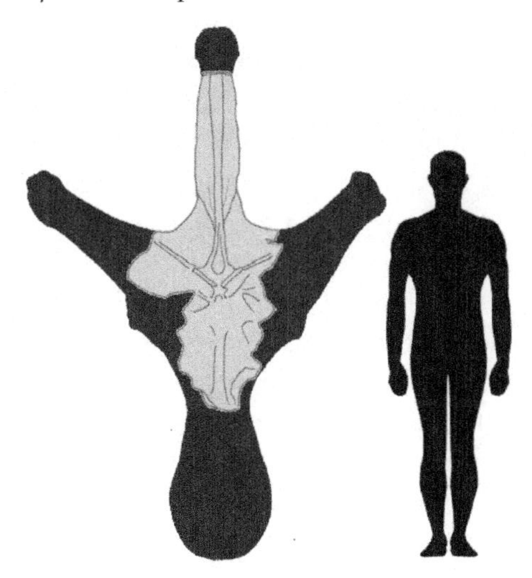

Dimensioni della vertebra di Cope (in grigio, la parte preservata, in nero, la parte mancante stimata dalle dorsali dei diplodocimorfi).

Il destino di *Amphicoelias fragillimus*, questo il nome dato da Cope alla vertebra scoperta da Lucas, è probabilmente già scritto nella traduzione del nome della specie: "*fragillimus*", superlativo di "*fragilis*". Con questo termine, Cope rimarcò l'estrema fragilità del fossile in suo possesso, più che un qualche attributo biologico della specie estinta. *Omen nomen*: il fossile è andato distrutto? La maggioranza degli autori ritiene difatti che l'esemplare fosse talmente fragile che si sia, banalmente, sbriciolato durante il trasporto verso il museo che doveva ospitarlo, riducendosi in un ammasso di frammenti polverosi privi di qualsiasi utilità scientifica. Non tutti i fossili hanno la fortuna di formarsi in roccia compatta, e sovente l'unico elemento che ne preserva l'integrità per milioni di anni è il sedimento stesso che li ingloba: senza un adeguato consolidamento operato mentre viene estratto (specialmente se, come in questo caso, il lavoro è svolto con tecniche ottocentesche), questi reperti si disgregano rapidamente appena liberati dalla matrice rocciosa che li aveva conservati. Ogni paleontologo può portare dolorosi aneddoti su esemplari estratti dopo ore di maieutico sgravamento dal sedimento e poi irrimediabilmente perduti per una svista o una presa maldestra.

Alcuni autori hanno messo in discussione l'esistenza del mitico *A. fragillimus* di Cope. Secondo l'interpretazione scettica forte, questo dinosauro colossale non è mai esistito (quindi, il documento che lo descrive sarebbe un falso), oppure, secondo una versione debole, effettivamente Cope ebbe tra le mani un esemplare, ma esso non era così gigantesco come è descritto. Nonostante io sia abbastanza conservatore e prudente nei confronti delle stime più azzardate in merito ai dinosauri, non ci sono motivi per dubitare delle parole (e della onestà) di Cope, né pare credibile che egli fu così grossolano da sovrastimare le dimensioni del fossile di cui riporta diligentemente una serie di misurazioni alla scala millimetrica. Nella nota in cui descrive l'esemplare, Cope rimarca esplicitamente le enormi dimensioni del fossile, quindi non è credibile che le misure riportate siano frutto di qualche errore di trascrizione o di grossolane sviste tipografiche. Purtroppo, per ora l'unica prova dell'esistenza di questo gigantesco sauropode è la breve nota di Cope, che può legittimamente essere ignorata in base al precetto che "affermazioni straordinarie richiedono prove straordinarie". Ad oggi, tentativi di identificare il sito di scavo in Colorado per rinvenire altri resti sono stati fallimentari.

Recentemente, alcuni paleontologi hanno discusso quale possa essere stato l'aspetto e le effettive dimensioni di *A. fragillimus*. Basandosi sulla nota di Cope e sull'immagine disponibile del reperto, l'esemplare è l'arco neurale di una vertebra dorsale di un sauropode diplodocimorfo. Stimare le dimensioni di un diplodocimorfo da un singolo arco neurale è un azzardo grande quanto l'animale stesso. Dentro Diplodocimorpha abbiamo animali slanciati e affusolati come i diplodocini, massicci e robusti come gli apatosaurini, ma anche forme più corte e compatte come i dicreosauridi. A seconda di quale animale scegliete come riferimento per stimare *A. fragillimus*, ottenete animali lunghi una trentina di metri nel caso usiate i rebbachisauridi – come è stato proposto di recente – oppure incredibili valori di oltre cinquanta metri nel caso usiate i diplodocini come modello. In tutti i casi, la massa di un simile megadinosauro è difficile da quantificare (è già difficile stimarla per scheletri completi, ma è praticamente fantascientifico per animali noti da un solo osso), anche se è plausibile che sia di varie dozzine di tonnellate. Date le differenti proporzioni anatomiche tra i differenti tipi di diplodocimorfo, non è detto che la stima della massa con un corpo "alla *Diplodocus*" sia maggiore di quella con un corpo "alla *Dicraeosaurus*" nonostante che il primo sia ben più lungo del secondo.

Speculare sulle dimensioni di un animale noto da un singolo osso scomparso più di un secolo fa può essere divertente ma non deve essere trascinato oltre il limite del ridicolo. Il fascino delle dimensioni massime raggiunte dai sauropodi è anche stimolato da un'esigenza intellettiva concreta (ben più della ormai perduta vertebra di Cope) e può basarsi su prove più solide, a patto di riconoscere una serie di limiti a questo tipo di ipotesi. Abbiamo visto che il gigantismo nei sauropodi, qui inteso come lunghezze superiori a 25-30 metri, è comparso in vari momenti della loro storia, all'interno di differenti gruppi. Almeno nei mamenchisauridi, diplodocidi e macronari abbiamo la prova diretta di specie giganti, ed è plausibile che anche i turiasauri possano aver prodotto specie di enormi dimensioni. Qualora *Amphiecoelias fragillimus* fosse sì un diplodocimorfo ma non un diplodocide, ad esempio, un rebbachisauride, possiamo aggiungere anche quel gruppo nella lista. E se esploriamo la storia dei macronari nel dettaglio, vediamo che almeno due gruppi, i titanosauri e i brachiosauridi, hanno realizzato specie giganti indipendentemente uno dall'altro. All'interno dei titanosauri, poi, il numero di specie giganti è in costante crescita, ma non è chiaro se tutti siano membri di un singolo ceppo di "super-titanosauri" oppure siano piuttosto la manifestazione di episodi distinti di gigantismo in Titanosauria. Il quadro che emerge è comunque quello di una relativa "facilità" nei sauropodi, in particolare neosauropodi, a produrre specie di enormi dimensioni.

Domandarsi quale tra queste specie sia da collocare sul podio del più grande animale di terraferma della storia della vita sulla Terra è un esercizio sterile, sia perché la documentazione fossile difficilmente ci restituirà proprio il campione assoluto, ma anche, e questo limite vale ancora più del primo, perché i nostri stessi metodi per stimare le dimensioni (specialmente in esemplari frammentari) hanno un margine di incertezza troppo ampio e grossolano. Idealmente, la massa corporea è il criterio più valido per definire una "graduatoria" tra i differenti animali. Purtroppo, la stima della massa *da vivo* per un esemplare noto solo da uno scheletro (e, ripeto, uno scheletro spesso molto frammentario) è troppo poco attendibile. Non sempre siamo in grado di stimare la massa di animali viventi oggi (quanti hanno la possibilità di mettere un elefante su una bilancia?), quindi è illusorio sperare di avere qualche valore robusto per le specie estinte. La conclusione, che ammetto essere molto pessimista ma conservativa, è che qualsiasi argomento sul gigantismo dei sauropodi deve muoversi dentro un alveo molto ampio e grossolano. Diffidate da chi vi fornisce la massa di un super-sauropode approssimata alla tonnellata senza associarla a qualche margine di incertezza. Se il lettore condivide con me lo scetticismo sulle stime relative a dinosauri conosciuti solo per poche ossa, forse si farà più coraggio e sosterrà comunque dei valori più solidi per esemplari più completi. Ad esempio, a partire dal grande scheletro esposto a Berlino (vedere il precedente capitolo), diversi autori nell'ultimo secolo hanno stimato la massa di *Brachiosaurus*. In questo caso, a differenza del fantomatico *Amphicoelias fragillimus*, disponiamo di uno scheletro molto ben conservato, e quindi ricavare una stima della massa in vita dell'animale parrebbe molto più semplice e privo di ambiguità. Eppure, nel corso dei decenni, a questo singolo animale sono stati attribuiti valori della massa compresi tra 30 e 80 tonnellate! Ovvero, alcune stime *del medesimo animale* sono quasi tre volte maggiori di altre, con il divario tra stima minore e maggiore che è quasi il doppio del valore minimo ipotizzato. Il motivo di una così ampia variabilità nei valori è la diversità dei metodi utilizzati per queste stime. Alcuni metodi richiedono una ricostruzione volumetrica del corpo dell'animale, e quindi sono facilmente influenzabili dalla soggettività dell'autore della ricostruzione "*in vivo*". Ad esempio, pur conoscendo i punti di inserzione delle masse muscolari sulle ossa, i volumi di quei muscoli sono del tutto ipotetici e quindi è del tutto ipotetica la quantità di "carne" che possiamo ricostruire dalle ossa. Inoltre, anche trovando un accordo sul volume dell'animale, per dedurre la sua massa occorre conoscerne la densità corporea media, la quale può variare in modo non trascurabile negli animali attuali più simili ai dinosauri. Pur riconoscendo che le ossa dei dinosauri erano pneumatizzate, e ammettendo una densità corporea simile a quella degli uccelli, l'effettiva densità complessiva di questi animali resta sconosciuta, e questo implica che dedurre la massa da una ricostruzione del volume corporeo sarà influenzato da quanto "denso" riteniamo essere stato l'animale in vita.

Altri metodi si basano su modelli matematici che ricavano la massa corporea da un singolo elemento anatomico (o al più, una combinazione di un ridotto numero di elementi), come ad esempio l'ampiezza delle ossa degli arti. La logica che muove queste stime è l'universalità delle leggi biofisiche: per sostenere fisicamente un animale di una certa massa occorre una certa dimensione delle sue ossa, quindi, stimando la seconda è possibile dedurre la prima. Questi modelli sono prodotti a partire da misurazioni su animali viventi oggi, ovvero da specie ben più piccole dei super-sauropodi, e come ogni modello matematico sono soggetti ad un qualche margine di errore: tanto maggiore sarà la dimensione del sauropode rispetto alle dimensioni delle specie odierne usate per determinare il modello, tanto maggiore sarà l'incidenza di tale errore sulla stima del sauropode.

Capitolo undicesimo
Vita da sauropode

Uno studio molto recente propone una interpretazione radicale su un elemento chiave della biologia dei dinosauri, le loro uova. Per comprendere la radicalità di questa nuova ipotesi, bisogna distinguere ciò che conosciamo sulle uova dei dinosauri, ciò che non è noto e ciò che *ci aspettiamo* di poter conoscere. Resti fossili di uova di dinosauro sono noti da ormai un secolo. Nella maggioranza dei casi, i resti di uova non sono isolati bensì formano associazioni che interpretiamo come covate. In rari casi, queste covate sono associate a resti scheletrici che interpretiamo come i "genitori" delle uova. In assenza di resti ossei, è molto difficile stabilire una identità tassonomica alle uova, e questo ha portato i paleontologi e creare una tassonomia *ad hoc* per questi resti, che solo nei casi di associazione tra uova e resti scheletrici può essere collegata alla tassonomia tradizionale.

Le uova dei rettili hanno un guscio più o meno rigido: la rigidità è legata alla presenza di mineralizzazioni che si depositano sulla superficie dell'uovo durante la sua formazione nel corpo materno. Solo nei casi in cui il guscio è mineralizzato (come avviene negli uccelli e nei coccodrilli) le uova acquistano una discreta probabilità di lasciare tracce fossili. In situazioni eccezionali, anche le uova prive di guscio mineralizzato, aventi una consistenza più soffice e pergamenacea, possono sperare di preservarsi come fossile, ma si tratta di condizioni molto più rare di quelle che permettono la fossilizzazione delle uova con guscio mineralizzato. Pertanto, la documentazione sull'evoluzione delle uova dei rettili è sbilanciata a favore delle uova con guscio mineralizzato e molto più avara e frammentaria per le specie con uova con guscio "molle".

Come accennato sopra, sia gli uccelli che i coccodrilli odierni depongono uova con guscio mineralizzato. Pertanto, si deduce che la presenza di uova "rigide" sia una condizione generale di tutti gli arcosauri (il gruppo formato da uccelli e coccodrilli), e che tutti i dinosauri – in quanto arcosauri a loro volta – deponessero questo tipo di uova. Già da alcuni decenni, sospettiamo che questa interpretazione sia errata, dato che i rari resti di uova di pterosauro paiono essere dotati di guscio molle, pergamenaceo. Pertanto, se gli pterosauri sono parenti prossimi dei dinosauri (membri della linea aviana di Archosauria, vedere il Primo Volume), abbiamo la prova che non tutti gli arcosauri avessero uova con guscio rigido. In alternativa, questa scoperta potrebbe supportare gli scenari che collocano gli pterosauri fuori dagli arcosauri. Assumendo che gli pterosauri siano arcosauri, quindi, non possiamo escludere l'ipotesi che il guscio rigido compaia due volte in Archosauria: una volta nei coccodrilli ed una nei dinosauri (uccelli inclusi), ma che in origine il gruppo avesse uova dal guscio molle. In alternativa, potremmo postulare che il guscio rigido sia una caratteristica di tutti gli arcosauri, ma che gli pterosauri abbiano "abbandonato" il guscio mineralizzato per "tornare" a produrre uova pergamenacee. I dati a disposizione supportano entrambe le opzioni.

Ammettendo che la condizione pergamenacea nelle uova degli pterosauri non sia una loro specializzazione bensì lo status originario di tutti gli arcosauri, in quale momento della storia dei dinosauri compare il guscio rigido? Siccome questo tipo di guscio è noto negli uccelli, in alcuni maniraptori (vedere il Secondo Volume), nei sauropodi (ad esempio, i titanosauri) e negli ornitischi iguanodontiani, l'interpretazione più sensata parrebbe che esso appaia molto presto nella storia dei dinosauri, "poco dopo" che la loro linea si separò da quella che porta agli pterosauri, ovvero all'inizio del Triassico.

Recentemente, alcune scoperte e l'applicazione di nuovi metodi di indagine sulle uova fossili hanno proposto uno scenario radicalmente diverso per il passaggio dal guscio molle a quello rigido nei dinosauri: non più un'origine unica alla radice del gruppo, bensì episodi multipli ed indipendenti, i quali implicano che tutti i dinosauri primitivi e una fetta importante dei gruppi "classici" deponessero uova dal guscio molle. Resti di covate dal Giurassico Inferiore dell'Africa meridionale associabili e "prosauropodi" e dal Cretacico Superiore della Mongolia associabili a ceratopsi (un ramo dei dinosauri ornitischi) non mostrano tracce di guscio mineralizzato bensì uova dalla consistenza pergamenacea. Se queste interpretazioni non saranno rivedute da nuove analisi, lo scenario classico sull'evoluzione del guscio nei dinosauri deve essere riveduto: in origine, i dinosauri avevano uova "morbide" (come gli pterosauri) e solamente in alcuni gruppi (dentro gli iguanodonti, i sauropodi e i teropodi) sarebbe comparso il guscio rigido e mineralizzato. Animali iconici come i grandi ceratopsidi, quelli corazzati e forse anche i primi sauropodi potrebbero quindi non aver mai deposto uova dal guscio rigido.

Questa nuova visione, abbastanza sconcertante per chi è abituato a rappresentazioni di dinosauri di qualunque tipo che escono dalle uova rompendone il rigido guscio calcareo come fanno i pulcini di oggi, ha il pregio di spiegare come mai in oltre un secolo di scoperte paleontologiche non avessimo mai trovato uova di certi gruppi di dinosauro nonostante che per altri la documentazione sia invece molto abbondante. Ad esempio, come mai i livelli tardo-cretacici del Nord America hanno fornito molte covate di adrosauridi ma mai uova di ceratopsidi, nonostante che i due gruppi siano ampiamente documentati a livello di ossa, spesso nei medesimi contesti e ambienti deposizionali? L'interpretazione classica di questa asimmetrica documentazione delle uova dinosauriane era che, banalmente, certi gruppi di dinosauro fossero soliti deporre le uova in contesti poco favorevoli alla fossilizzazione, per cui, nel caso appena citato, i ceratopsidi avrebbero deposto le uova in ambienti diversi rispetto agli adrosauridi, ambienti molto poco favorevoli alla fossilizzazione delle uova rispetto a quelli preferiti dagli adrosauridi per riprodursi. La spiegazione classica per l'assenza di uova in certi gruppi (come i ceratopsidi) è sempre parsa un po' troppo *ad hoc*. La nuova interpretazione, invece, conclude che l'assenza di resti di uova associati a certi gruppi sia la conseguenza diretta della composizione chimico-fisica dei loro gusci, composizione poco favorevole a fossilizzare.

Non è chiaro perché certi gruppi di dinosauri abbiano acquisito il guscio mineralizzato mentre altri persistettero nel produrre uova pergamenacee. Stabilire un possibile legame tra ecologia, fisiologia e tipo di uova richiederà una maggiore documentazione di quali gruppi abbiano prodotto i differenti tipi di uova. Ad esempio, attualmente, l'unica certezza che abbiamo è che i sauropodomorfi dell'inizio del Giurassico deponessero uova pergamenacee e che il guscio mineralizzato sia stato acquisito in seguito lungo la linea che porta ai titanosauri. Non sappiamo se e quanti tipi di sauropode giurassico avessero mantenuto uova pergamenacee, e questo limita drammaticamente la nostra capacità di stabilire una sequenza evolutiva ed adattativa che spieghi tale trasformazione rispetto al resto della storia sauropodiana.

Le covate note dei sauropodi sono comunque utili per comprendere alcune caratteristiche generali della strategia riproduttiva di questi animali. Confrontate con le covate degli altri dinosauri, quelle dei sauropodi mostrano una organizzazione più semplice delle uova. Non si osservano le disposizioni ordinate delle uova, spesso in cerchi concentrici, che abbiamo trovato nei nidi dei maniraptori. Inoltre, il numero delle uova per covata nei sauropodi tende ad essere maggiore che per altri dinosauri, mentre il rapporto tra le dimensioni medie delle uova e quelle dei potenziali genitori è inferiore. In biologia, esiste una (seppur blanda e generale) relazione tra numero delle uova per covata, dimensione delle uova rispetto al genitore e intensità delle cure parentali operate su quelle uova. Confrontate con le specie odierne, le covate dei sauropodi rientrano nello schema riproduttivo di animali che praticano cure parentali piuttosto blande. Probabilmente, la strategia riproduttiva dei sauropodi era più simile a quella delle tartarughe marine che a quella dei coccodrilli, e sicuramente non si avvicinava a quella della maggioranza degli uccelli. I sauropodi quindi paiono "deviare" dalla tendenza vista nella maggioranza dei dinosauri (sicuramente quelli lungo la sequenza che porta agli uccelli): questi ultimi mostrano strategie riproduttive intermedie tra quelle dei coccodrilli e quelle dei grandi uccelli non volatori, in cui l'adulto difende la covata fino alla schiusa e sovente protegge la prole almeno nelle primissime fasi dopo la nascita. I sauropodi appaiono invece poco propensi a praticare cure parentali anche solamente alle loro covate, e ciò non deve stupire: la differenza dimensionale tra uova (e quindi, i neonati) e l'adulto è enorme (di almeno quattro ordini di grandezza) e questo va a sfavore di qualsivoglia interazione diretta tra genitori e prole. Non sappiamo se e quanto a lungo gli adulti sorvegliassero le covate, ma anche in questo caso non pare esserci ragione di pensare che l'adulto avesse una qualche interazione diretta con la progenie: i siti di nidificazione dei sauropodi mostrano numerose covate distribuite in aree piuttosto ristrette, e questo rende poco realistico immaginare che un gran numero di adulti potesse restare accanto ai propri nidi per molto tempo, assiepati uno all'altro come nelle colonie di uccelli marini. La scoperta di resti di grandi serpenti associati ai nidi di titanosauri in un sito dal Cretacico Superiore dell'India conferma che le nidiate, probabilmente deposte sotto cumuli di sabbia e materiale vegetale, fossero poco custodite, probabilmente abbandonate dopo la deposizione delle uova. Il quadro che emerge per la strategia riproduttiva dei sauropodi è quindi opposto a quella sviluppato per le specie lungo la linea che porta agli uccelli: i sauropodi probabilmente compensavano la scarsa intensità delle cure parentali con una produzione molto maggiore di uova ogni anno. Abbiamo visto nel Primo Volume come un *surplus* di prole possa innescare competizione tra i nuovi nati e come questo sia tra i fattori principali che spingono la Corsa agli Armamenti e la tendenza al gigantismo nei dinosauri.

Le informazioni sulle prime fasi della vita dei sauropodi sono scarse. I fossili di esemplari immaturi sono pochi, e spesso frammentari.

Nei casi in cui si abbia resti abbastanza completi, è significativo che i giovani sauropodi mostrino proporzioni degli arti simili a quelle degli adulti, e che quindi non fossero particolarmente differenti nelle prestazioni locomotorie. Al contrario, nei sauropodomorfi dell'inizio del Giurassico i nascituri hanno proporzioni degli arti differenti da quelle degli adulti: i primi paiono essere sostanzialmente quadrupedi, mentre gli adulti hanno proporzioni (e vincoli anatomici) tipici dei dinosauri bipedi. Ciò implica che durante la vita, questi sauropodomorfi modificassero la postura e l'andatura, mentre una trasformazione così radicale durante la crescita non coinvolgeva i sauropodi cretacici. L'evoluzione della condizione quadrupede nei sauropodi potrebbe quindi rappresentare l'estensione nell'adulto di una condizione altrimenti transitoria (tipica della fase giovanile) degli altri sauropodomorfi: questo processo, detto "pedomorfosi", era stato introdotto nella discussione sull'evoluzione dei primi dinosauromorfi triassici e dei precursori degli uccelli (vedere i precedenti due volumi).

Altri elementi del comportamento di questi dinosauri in relazione allo stadio di crescita sono deducibili dalle impronte fossilizzate. In particolare, dallo studio delle piste di più animali depositate assieme emerge la tendenza di questi a spostarsi con individui della stessa classe dimensionale. Assumendo che queste piste associate siano prodotte da membri della stessa specie, si conclude che gli animali tendessero a spostarsi assieme a individui di età simile (ad esempio, gli adulti tra loro e non con i giovani, e viceversa). Questo fenomeno, detto "segregazione per classi di età", era stato dedotto anche per i dinosauri predatori (Secondo Volume). Combinata alle ridotte cure parentali dedotte per le covate, ed unita alle prestazioni locomotorie che si mantenevano simili lungo tutta la vita, ciò implica che la principale forma di aggregazione esistente in questi animali non fosse tra genitori e figli ma tra individui della stessa generazione. I coetanei (probabilmente, i fratelli e sorelle della medesima covata) tendevano quindi ad aggregare tra loro e a non interagire con animali di altre dimensioni (e, quindi, con le altre generazioni, inclusi i genitori).

Il quadro che emerge per i sauropodi è quindi quello di adulti che regolarmente (forse, ogni anno) si dedicavano all'accoppiamento e deposizione delle uova, me che non praticavano alcuna cura alle loro uova una volta deposte. Non dovendo spendere energie per la prole, i sauropodi potevano massimizzare le energie spese per produrre un gran numero di nuove uova ogni anno. Ed ogni anno, da queste covate emergeva una nuova generazione i cui membri tendevano ad aggregare tra loro ed a interagire sopratutto con individui della stessa età. Ho chiamato la tendenza dei dinosauri (in particolare, i sauropodi) a creare aggregazioni coi propri coetanei piuttosto che gruppi familiari tra genitori ed adulti la "via dinosauriana al socialismo". Un tale modello comportamentale, che in vario modo è ricalcato da alcuni rettili odierni, è quindi ben diverso da quello che plasma buona parte della relazioni sociali nei mammiferi. Questa radicale differenza riproduttiva e socio-relazionale tra grandi dinosauri e mammiferi è uno dei motivi per cui non ha molto senso usare i grandi animali di oggi come modelli per ipotizzare il comportamento dei dinosauri mesozoici. I dati a nostra disposizione smentiscono quindi branchi strutturati, mandrie o "famiglie" di dinosauri ricalcate sulle società di elefanti o leonesse. Le comunità dinosauriane, che deduciamo dalle piste fossili, sono più probabilmente analoghe ai banchi dei pesci che nuotano assieme per difendersi dai predatori, o possono essere considerate equivalenti alle aggregazioni in massa degli ungulati e degli uccelli durante la stagione migratoria. In particolare, la mancanza di interazioni dirette e durature tra le diverse generazioni rende improbabile qualsiasi forma di trasmissione culturale e di apprendimento.

Quando, tra la fine del XIX e l'inizio del XXI Secolo, i paleontologi si interrogarono sulla biologia dei sauropodi, conclusero che questi animali non fossero adatti a sostenersi fuori dall'acqua e che questo ultimo mezzo fosse per tali animali anche un habitat più sicuro della terraferma popolata dai grandi teropodi predatori. L'idea che i sauropodi fossero inefficienti nella locomozione è stata smentita dall'indagine accurata della loro morfologia scheletrica, ed oggi nessuno può considerare i sauropodi animali inadatti a sostenere il proprio peso fuori dall'acqua. Al contrario, il loro modello corporeo è una superba manifestazione della selezione naturale nel raffinare l'interazione tra muscoli ed ossa ad una scala gigantesca. Semmai, è improbabile che il loro piano anatomico sia utile per uno stile di vita che si svolge principalmente in acqua, dato che è sagacemente plasmato per la locomozione quadrupede su un substrato asciutto.

Se abbiamo rigettato lo stereotipo semi-acquatico del sauropode, ben più articolato è il destino dell'altra immagine ottocentesca associata a questi animali, ovvero, l'idea che essi fossero sostanzialmente indifesi rispetto ai loro predatori. Immaginare un sauropode adulto come una creatura indifesa è probabilmente la conseguenza della loro irriducibilità piena agli animali odierni. Non li comprendiamo appieno, e questo ci sconcerta, portandoci a diffidare della loro "funzionalità". Eppure, un sauropode adulto è quanto di più prossimo ad una fortezza vivente la Natura ci abbia offerto, ed è improbabile che questi animali non fossero in qualche modo capaci di difendersi qualora attaccati. I sauropodi ci appaiono estremi, a tratti assurdi, forse persino impossibili, e questo può indurci a non accettarli pienamente come creature reali. Tendiamo a immaginare che nei confronti dei grandi dinosauri predatori dotati di mandibole armate di denti seghettati e arti muniti di artigli falciformi sia necessaria una qualche contromossa di pari spettacolarità. Non abbiamo problemi a concepire una reazione difensiva in un dinosauro corazzato, o in un ceratopside armato di corna e becchi affilati, ma fatichiamo a vedere nel sauropode un efficace sistema di difesa contro i teropodi. Credo che lo sconcerto sia più figlio dei nostri pregiudizi che la manifestazione di una oggettiva mancanza nel modello biologico dei sauropodi. Dimentichiamo che tutti i sauropodi disponevano di almeno due elementi molto utili per contrastare la predazione: le grandi dimensioni corporee, che nella maggioranza dei casi sono ben maggiori di quelle dei loro predatori diretti, e l'enorme sviluppo della coda, la quale era capace di generare una trazione (e quindi una forza) pari ad almeno il peso dello stesso sauropode. Molti rettili odierni si servono della coda come organo difensivo. L'energia cinetica generata dalla coda di un sauropode è probabilmente la massima possibile nel regno animale: non ci sono motivi per dubitare che una simile potenza fosse usata dall'animale per difendersi. L'uomo, animale la cui coda vestigiale è miserrima persino per gli standard dei mammiferi, probabilmente sottovaluta l'importanza di questo organo in animali dotati di code lunghe e muscolose. E se tale coda si estendeva per una decina di metri ed era mossa da una tonnellata di fasci muscolari, è ridicolo non riconoscere in quell'organo un formidabile sistema difensivo.

Il lettore accorto mi farà notare che sì, le dimensioni corporee dei sauropodi sono una difesa formidabile contro i predatori, ma che tali dimensioni siano vantaggiose solamente nell'animale adulto. Alla nascita, e per molti, anni, un giovane sauropode non aveva modo di sfruttare la sua mole per scoraggiare un attacco, ed era quindi una preda molto appetibile, sopratutto per i grandi teropodi. Quanto erano indifesi i sauropodi durante la fase giovanile, che probabilmente durava almeno un paio di decenni? Credo che in questo caso abbia senso conservare parte dell'idea ottocentesca del sauropode indifeso. Difatti, tutta la logica evoluzionistica su cui si basa la Corsa agli Armamenti nei sauropodi si fonda sulla accettazione che la vita di questi animali durante la fase giovanile fosse precaria, molto rischiosa e, nella maggioranza dei casi, destinata ad una morte prematura. L'evoluzione del modello anatomico sauropodiano, così efficiente nell'adulto, richiede un tributo di sangue spaventoso da parte delle generazioni immature. Il successo del piano corporeo dei sauropodi adulti infatti è la conseguenza della precarietà delle generazioni non adulte. Questa conclusione può apparire paradossale, forse persino assurda, se la si legge secondo una prospettiva ingenuamente "individualista" che pretende che ogni elemento della biologia di una specie sia raffinato della selezione naturale. Anche in questo caso, il pregiudizio è figlio del nostro inestirpabile antropocentrismo. Dando per ottimale il nostro particolare modello biologico, in cui si spende un'enorme quota di risorse per garantire la sopravvivenza della prole (e nessuno quanto *Homo sapiens* investe energie e risorse per i propri figli), siamo indotti a pensare che lo spreco di esemplari giovani che si deduce per i sauropodi sia svantaggioso "per la specie" e che quindi l'evoluzione tenda a produrre qualsiasi alternativa che riduca una tale "strage di innocenti". Il paradosso sta nel non comprendere che la persistenza di una popolazione è regolata dal bilancio netto tra nuovi nati e perdite, indipendentemente dal destino dei singoli componenti. Abbiamo visto che i sauropodi adulti probabilmente non spendevano particolari energie nella cura della prole, e che il loro investimento riproduttivo era totalmente dedicato a produrre abbondanti covate ogni anno. Da queste covate, solo una ridotta minoranza riusciva a raggiungere l'età adulta. Ma una volta che quella minoranza di individui arrivava all'età matura risultava praticamente inattaccabile, e poteva dedicare il resto della vita a produrre nuove covate ogni anno. Pertanto, anche se dalla prospettiva del singolo nascituro la vita da sauropode appare terribilmente precaria e miserabile, dalla prospettiva della popolazione questo modello è efficiente e stabile: fintanto che una ridotta minoranza di nascituri raggiungeva la maturità riproduttiva, il flusso annuale di nuovi nati in grado di compensare le perdite era garantito. Se ammettiamo che ogni femmina sauropode adulta sia in grado di produrre una trentina di uova all'anno, e se, in virtù della sua mole, accettiamo che una volta divenuta adulta possa vivere in relativa sicurezza per qualche decennio, è sufficiente che un solo neonato su 300 sopravviva fino all'età adulta per mantenere la popolazione stabile e duratura. Pertanto, anche un tasso di mortalità giovanile di oltre il 99% – che a prima vista appare catastrofico – non dovrebbe incidere sulla tenuta della popolazione e non insorgerebbe alcun motivo "evoluzionistico" per alleviarlo.

La documentazione paleontologica, prima ancora che gli argomenti teorici appena presentati, dimostra il grande successo del modello sauropode. Il gruppo persiste per tutto il Giurassico ed il Cretacico praticamente in ogni continente senza mostrare alcun declino. Nuovi gruppi prendono il posto dei precedenti (ad esempio, la scomparsa degli altri eusauropodi all'inizio del Cretacico e dei diplodocimorfi a metà del periodo permettono un'espansione prodigiosa dei titanosauri) fino al momento dell'estinzione di massa che chiude il Mesozoico. Un possibile momento di crisi per i sauropodi è rappresentato dalla metà del Cretacico, quando, apparentemente, il gruppo scompare del tutto dal Nord America per poi tornare in quel continente solamente negli ultimi milioni di anni del Cretacico (non è chiaro se migrando dall'Asia o dall'America Meridionale). I sauropodi risultano essere i vegetariani di grande mole predominanti nei continenti meridionali per almeno cento milioni di anni. Questo quadro, unito alla rigogliosa epopea degli ornitischi dei continenti settentrionali (che incontreremo nel prossimo Volume) ha alimentato una narrazione semplificata della storia dei dinosauri cretacici, nella quale il mondo appare diviso in due blocchi, uno settentrionale a maggioranza ornitischiana ed uno meridionale a maggioranza sauropodiana. L'analisi puntuale della documentazione ci mostra uno scenario più articolato. I sauropodi continuano a rappresentare una componente importante della documentazione eurasiatica per tutto il Cretacico, e gli ornitischi, con linee non direttamente collegate a quelle settentrionali, persistono nei continenti meridionali, in alcuni casi (come l'Australia) con un numero di specie pari se non superiore a quello dei sauropodi. Le differenze nelle strategie alimentari tra i differenti gruppi di dinosauri vegetariani implicano che la competizione per le risorse fosse ridotta e che ogni stirpe avesse una propria ecologia e preferenza ambientale. La differente distribuzione di sauropodi e ornitischi nei vari continenti è quindi da imputare a contingenze storiche (in gran parte impossibili da ricostruire), quando non è una illusione prodotta da una documentazione incompleta. Dobbiamo quindi supporre che col progredire delle scoperte, il quadro sulla storia di queste faune si farà sempre più ricco e complesso. Ad esempio, scoperte molto recenti hanno dimostrato la presenza di adrosauridi in Africa e di una ricca fauna a titanosauri asiatici fino alla fine del periodo Cretacico, smentendo l'idea che nella seconda metà del Mesozoico i due rami principali dei dinosauri vegetariani fossero limitati ciascuno ad un singolo emisfero.

I sauropodi sono noti praticamente fino alla fine del Mesozoico almeno in Sud America, Africa, Europa, in parte del Nord America e in Asia orientale. La documentazione degli ultimissimi milioni di anni del Cretacico è limitata a pochi siti, e ciò non permette di descrivere in modo dettagliato la parte finale della storia dei sauropodi. Nondimeno, le associazioni fossili in Europa (in particolare, in Francia e Spagna) suggeriscono che questi dinosauri non fossero in declino né in crisi. In alcuni casi, livelli dominati da sauropodi sono sostituiti da livelli dominati da ornitischi, ma questo cambio di fauna non pare essere la documentazione di estinzioni (anche solo locali) ma solo il registro di un cambiamento ambientale locale che ha favorito un gruppo e portato l'altro ad abbandonare la zona rappresentata dal sito. Nulla nella documentazione fossile supporta per i sauropodi un destino diverso da quello degli altri dinosauri non-aviani.

Epilogo
Ponti sospesi sul Tempo Profondo

Visto secondo una prospettiva radicalmente riduzionista, un sauropode è una gigantesca macchina per trasformare un'enorme quantità di materiale vegetale in un gran numero di uova. Molti elementi della biologia di questi dinosauri sono ancora poco noti. Nessun animale odierno si avvicina sufficientemente ai sauropodi per darci un analogo esaustivo della loro ecologia. Se, a prima vista, possiamo constatare delle grossolane analogie con elefanti e giraffe, queste vengono meno nel momento in cui includiamo nella lista altri elementi biologici chiave come la strategia riproduttiva, le dinamiche sociali e la fisiologia digestiva. L'impatto delle popolazioni sauropodi sui loro ecosistemi è quasi del tutto impossibile da determinare. Come si distribuivano gli animali all'interno dell'ambiente? La segregazione per classi di età comportava anche una segregazione geografica? I diversi tipi di sauropode, oltre a mostrare differenti strategie ecologiche ed alimentari, realizzarono anche differenti modelli di fisiologia? Se abbiamo riconosciuto che una enorme percentuale di esemplari immaturi era destinata ad una morte prematura, questo implica che, in proporzione, gli adulti delle specie sauropodi fossero una esigua minoranza della popolazione: quanto, in termini assoluti, era consistente tale minoranza? Ovvero, quale era l'effettivo impatto ambientale dei sauropodi? Rispondere a queste domande, senza rimanere intrappolati nel circolo vizioso di fondare le risposte su modelli scelti perché conformi con le nostre aspettative su "cosa sia" un sauropode, è arduo.

Appartengono a sauropodomorfi alcune delle primissime testimonianze fossili sui dinosauri rinvenute in Italia. Piste ed orme di sauropodi primitivi, risalenti all'inizio del Giurassico, sono note da ormai tre decenni sulle Alpi orientali. Risale a meno di un decennio fa la scoperta dei primi resti ossei di sauropodomorfo italiano, un titanosauro dalla metà del Cretacico del Lazio. Nel primo caso, la scoperta di resti di grandi teropodi in livelli lombardi quasi contemporanei (*Saltriovenator*, vedere il Primo Volume) ci documenta l'inizio della grande Corsa agli Armamenti tra sauropodi e loro predatori. La speranza è che in un prossimo futuro, questi sauropodi primitivi italiani (forse simili ai lessemsauridi) siano scoperti anche sotto forma di resti ossei. Nel secondo caso, è ragionevole supporre che la località di ritrovamento del titanosauro laziale faccia parte della medesima entità geografica a cui appartiene il primo dinosauro italiano, il teropode *Scipionyx samniticus*, rinvenuto in livelli campani quasi coevi. Le due associazioni faunistiche, quella alpina e quella del centro peninsulare, separate da ottanta milioni di anni, ci dicono che l'Italia ha tutte le potenzialità per poter fornire non solo singoli esemplari o resti isolati, ma vere e proprie *faune a dinosauri*. Non solo, ma la peculiare collocazione geografica della nostra penisola nel contesto della dinamica dei continenti mesozoici, come vero e proprio ponte tra Eurasia e Africa, implica che il nostro paese può fornire associazioni faunistiche originali, contenenti elementi da ambo gli emisferi. Lo studio preliminare sul titanosauro laziale ha difatti individuato legami tra questo sauropode e forme sia africane che asiatiche.

Una terza località fossilifera molto promettente risale alla fine del Cretacico della zona triestina. Qui è stata rinvenuta una associazione di più esemplari della medesima specie di dinosauro, in questo caso un ornitischio, gruppo al quale è dedicato il prossimo Volume. Questa specie, *Tethyshadros insularis*, mostra affinità con alcuni dinosauri quasi contemporanei rinvenuti in livelli rumeni, nei quali gli ornitischi sono sovente associati sia a sauropodi titanosauri che a teropodi. Possiamo sperare che una associazione faunistica simile sia scoperta un giorno anche nel nostro territorio. Non solo, è probabile che molte altre località fossilifere italiane attendano di essere identificate e sfruttate. Sono fiducioso che nuovi sauropodomorfi italiani saranno menzionati in future edizioni di questo volume.

Glossario

Antorbitale, finestra: apertura del cranio, posta ai due lati del muso di fronte alle orbite, tipica degli arcosauriformi.
Arcosauria: gruppo di rettili formato da uccelli, coccodrilli e tutti i loro parenti fossili. Comprende tutti i pan-aviani, compresi i dinosauri.
Arcosauriformes: gruppo di rettili comprendente gli arcosauri e vari gruppi triassici imparentati con loro.
Carnivoro: animale che include una quota sostanziale di carne nella sua dieta.
Carnosauria: ramo di Tetanurae comprendente forme unicamente ipercarnivore e macrofagiche. Di dimensioni da medie a gigantesche (fino ad una dozzina di metri di lunghezza), distribuiti globalmente, si estinguono a metà del Cretacico.
Cenozoico: terza era dell'eone Fanerozoico, tra 66 milioni di anni fa e oggi.
Ceratosauria: ramo di Theropoda che include sopratutto specie carnivore di dimensioni adulte comprese tra 2 e 9 metri, noti dall'inizio del Giurassico fino alla fine del Cretacico, principalmente nei continenti del Gondwana.
Cervicale: vertebra del collo. Il numero delle cervicali è, nei primi dinosauri, minore di 10, mentre nei sauropodi aumenta fino a raggiungere, in alcuni gruppi, 19.
Cinto: parte dello scheletro postcraniale che collega gli arti con la colonna vertebrale. Il cinto pettorale collega l'arto anteriore, il cinto pelvico collega l'arto posteriore.
Corsa agli armamenti: evoluzione parallela in differenti gruppi animali che sviluppano adattamenti di difesa e/o di offesa nei confronti uno dell'altro.
Cretacico: terzo ed ultimo periodo del Mesozoico, tra 145 e 66 milioni di anni fa).
Dinosauria: ramo di pan-Aves che comprende Ornithischia, Sauropodomorpha e Theropoda.
Diplodocimorpha: ramo di Neosauropoda che comprende dicreosauridi, diplodocidi e rebbachisauridi.
Ecologia: scienza biologica che studia gli scambi di materia ed energia nei sistemi viventi.
Eusauropoda: ramo di Sauropoda che include tutti i sauropodi a partire

dal Giurassico Medio. I gruppi di eusauropodi più diversificati sono Mamenchisauridae, Neosauropoda e Turiasauria.
Filogenetica: scienza biologica che studia le relazioni genealogiche tra le specie.
Giurassico: secondo periodo del Mesozoico, tra 201 e 145 milioni di anni fa.
Gondwana: supercontinente meridionale derivato dalla frammentazione di Pangea durante il Mesozoico. Comprende gli attuali Africa, Madagascar, Sud America, India, Australia e Antartide.
Graviportale: adattamento che permette di sostenere un grande peso corporeo (varie tonnellate).
Ipercarnivoro: animale carnivoro che si nutre quasi unicamente di vertebrati terrestri.
Macrofago: carnivoro/ipercarnivoro che include nella dieta anche prede di dimensioni simili o superiori alle sue.
Macronaria: ramo di Neosauropoda che comprende *Camarasaurus*, brachiosauridi e titanosauri.
Mamenchisauridae: ramo di Eusauropoda che include forme note dal Giurassico Medio all'inizio del Cretacico, distribuite sopratutto in Asia orientale. Comprende i sauropodi con il maggior numero di vertebre cervicali.
Mesozoico: seconda era dell'eone Fanerozoico, tra 252 e 66 milioni di anni fa.
Neosauropoda: il ramo di Eusauropoda di maggiore successo, noto dal Giurassico Medio fino alla fine del Cretacico. Distribuite globalmente, comprende Diplodocimorpha e Macronaria.
Onnivoro: animale in grado di sfruttare risorse alimentari sia di origine animale che vegetale.
Ornithischia: uno dei rami principali di Dinosauria che include forme onnivore e vegetariane, sia quadrupedi che bipedi. Sono ampiamente documentati in tutti i continenti nel Giurassico e nel Cretacico, alla fine del quale si estinguono.
Paleozoico: prima era dell'eone Fanerozoico, tra 541 e 252 milioni di anni fa.
Pan-Aves: ramo di Arcosauria che include gli uccelli e tutte le forme estinte piu affini agli uccelli rispetto ai coccodrilli. Ne fanno parte tutti i dinosauri.
Pangea: supercontinente comprendente tutte le terre emerse, formatosi alla fine del Paleozoico e frammentatosi durante il Mesozoico.

Pneumatizzazione: in anatomia, espansione di sacche collegate al sistema respiratorio all'interno di altri organi. I pan-aviani sono gli unici animali ad avere una ampia pneumatizzazione dello scheletro postcraniale.
Postcraniale: parte dello scheletro ad esclusione della testa. Comprende la colonna vertebrale, i cinti e gli arti.
Saurischia: uno dei rami principali di Dinosauria; include Sauropodomorpha e Theropoda.
Sauropoda: ramo di Sauropodomorpha che comprende forme di grandi dimensioni, quadrupedi obbligatorie. Sono ampiamente documentati dal Giurassico Inferiore al Cretacico, alla fine del quale si estinguono.
Sauropodomorpha: ramo di Dinosauria che comprende forme onnivore e vegetariane, primitivamente bipedi poi unicamente quadrupedi, tra cui i sauropodi, i piu grandi animali di terraferma esistiti. Sono ampiamente documentati in tutti i continenti, dal Triassico Superiore al Cretacico, alla fine del quale si estinguono.
Silesauridae: ramo di pan-Aves che potrebbe collocarsi su una linea molto prossima ai dinosauri oppure essere inclusa tra gli ornitischi piu primitivi. Forme onnivore ed erbivore di dimensioni medio-piccole, sono noti unicamente nel Triassico Superiore.
Tafonomia: Ramo della paleontologia che studia ed interpreta le condizioni fisiche, chimiche, geologiche ed ambientali che consentono la formazione di un fossile.
Tecodonte: tipo di dentatura, caratterizzata da denti le cui radici sono inserite in alloggiamenti interni alle ossa della bocca (alveoli). Il termine era in passato usato per classificare molti arcosauriformi triassici.
Tegumento: quasiasi tipo di struttura della pelle che ricopre il corpo.
Temporale, finestra: apertura nella parte posteriore del cranio, che permette ed agevola la contrazione dei muscoli masticatori.
Theropoda: il ramo di Saurischia che include tutti i dinosauri predatori. Originariamente carnivori, alcuni gruppi hanno poi acquisito una dieta onnivora o vegetariana. Gli uccelli sono un gruppo di teropodi celurosauri maniraptori.
Turiasauria: ramo di Eusauropoda che comprende forme note tra le fine del Giurassico e l'inizio del Cretacico. Distribuite principalmente in Europa occidentale e Nord America.
Zifodonte: tipologia di dente caratterizzato da un profilo simile alla lama di un coltello, con i bordi anteriore e posteriore muniti di seghettature dello smalto. Sono denti specializzati per una dieta carnivora.

Fonti bibliografiche per le illustrazioni

Bonnan, M.F. and P. Senter. (2007). Were the basal sauropodomorph dinosaurs *Plateosaurus* and *Massospondylus* habitual quadrupeds?; pp. 139-155 in Barrett, P. M. and D.J. Batten (eds.), Evolution and palaeobiology of early sauropodomorph dinosaurs. Special Papers in Palaeontology, 77.

Bonnan, M.F. and A.M. Yates. (2007). A new description of the forelimb of the basal sauropodomorph *Melanorosaurus*: implications for the evolution of pronation, manus shape and quadrupedalism in sauropod dinosaurs; pp. 157-168 in Barrett, P. M. and D.J. Batten (eds.), Evolution and palaeobiology of early sauropodomorph dinosaurs. Special Papers in Palaeontology, 77.

Cope, E.D. (1878). A new species of *Amphicoelias*: American Naturalist, 12:563-565.

Romer, A. S. (1956). Osteology of the reptiles. Chicago, University of Chicago Press.

Ullmann, P.V., M.F. Bonnan, and K.J. Lacovara. 2017. Characterizing the evolution of wide-gauge features in stylopodial limb elements of titanosauriform sauropods via geometric morphometrics. The Anatomical Record, DOI: 10.1002/ar.23607.

Wilson, J.A. (1999). A nomenclature for vertebral laminae in sauropods and other saurischian dinosaurs. Journal of Vertebrate Paleontology 19, 639-653.

Wilson, J.A. (2002). Sauropod dinosaur phylogeny: critique and cladistic analysis. Zoological Journal of the Linnean Society of London 136, 217-276.

Whitlock, J.A. (2011). Inferences of Diplodocoid (Sauropoda: Dinosauria) Feeding Behavior from Snout Shape and Microwear Analyses. PLoS ONE 6(4): e18304. https://doi.org/10.1371/journal.pone.0018304

Ringraziamenti

Questo libro è ispirato da quasi venti anni di riflessioni, studi e pubblicazioni che ho dedicato all'evoluzione dei dinosauri e all'origine degli uccelli. Ringrazio i numerosi colleghi e amici che in questi anni hanno contribuito, in vario modo, alle mie ricerche, fornendo materiale, consigli, occasioni di discussione, o condividendo qualche birra. In particolare, un ringraziamento a Simone Maganuco, Fabio Dalla Vecchia, Federico Fanti, Pascal Godefroit, Lukas Panzarin e Darren Naish.
La maggioranza delle ricostruzioni *in vivo* incluse in questi volumi sono state possibili grazie alle ricostruzioni scheletriche realizzate da Marco Auditore e Scott Hartman, che ringrazio.

Printed by Amazon Italia Logistica S.r.l.
Torrazza Piemonte (TO), Italy